宁夏固原地区城乡饮水安全水源工程生态环境影响研究

杨玉霞　顾耀民　马秀梅　张军锋　张世坤　著

黄河水利出版社
·郑州·

内 容 提 要

　　宁夏固原水源工程是宁夏回族自治区的重大水资源优化配置工程,对宁夏中南部干旱区的社会经济可持续发展具有重大意义,但工程引水区位于泾河流域源头区,且涉及六盘山自然保护区、泾河源风景名胜区等生态敏感区,截引断面下游 50 km 外均进入甘肃省境内,所处区域生态环境脆弱,工程建设和运行将对引水区和受水区生态环境产生不利影响。本书重点调查研究工程引水区泾河源头区以及输水线路陆生生态、水生生态状况,就工程建设和运行对引水区、受水区可能造成的生态环境影响展开了深入预测研究,重点研究确定了泾河流域源头区生态水量,进而分析论证了工程引水方案的环境合理性,根据区域水生生态保护目标提出了低坝生态放水和过鱼道措施,结合工程对环境影响的研究结论提出了减缓工程建设对引水区、受水区其他生态环境影响的对策措施。

　　本书可供水利部门、环境保护部门从事生态环境影响研究的专业技术人员、环境管理人员、水资源管理人员,以及环境科学相关专业的大专院校师生阅读参考。

图书在版编目(CIP)数据

宁夏固原地区城乡饮水安全水源工程生态环境影响
研究/杨玉霞等著. —郑州:黄河水利出版社,2012. 12
ISBN 978 - 7 - 5509 - 0393 - 7

Ⅰ. ①宁… Ⅱ. ①杨… Ⅲ. ①饮用水 - 给水工
程 - 水源水质 - 影响 - 区域生态环境 - 研究 - 固原地
区 Ⅳ. ①TU991.5 ②X321.243.2

中国版本图书馆 CIP 数据核字(2012)第 304807 号

───────────────────────────

组稿编辑:王志宽 电话:0371 - 66024331 E-mail:wangzhikuan83@ 126. com

───────────────────────────

出 版 社:黄河水利出版社
　　　　　地址:河南省郑州市顺河路黄委会综合楼14层 邮政编码:450003
发行单位:黄河水利出版社
　　　　　发行部电话:0371 - 66026940 、66020550 、66028024 、66022620(传真)
　　　　　E-mail:hhslcbs@ 126. com
承印单位:河南省瑞光印务股份有限公司
开本:787 mm × 1 092 mm　1/16
印张:14
字数:323 千字　　　　　　　　　　　印数:1—1 400
版次:2012 年 12 月第 1 版　　　　　　印次:2012 年 12 月第 1 次印刷

───────────────────────────

定价:45.00 元

前　言

　　饮水安全是人类生存和发展的基础,保障饮水安全是水资源可持续利用的基本任务,是建设社会主义新农村和实现全面建设小康社会目标的必然要求。宁夏中南部革命老区农村饮水困难问题是历史性难题,从20世纪70年代初到21世纪初,中部干旱带重大旱灾频繁发生,大多数农户要到几十千米以外处拉水,加之区域经济社会发展落后,拉水费用农户难以承受。另外,宁夏中南部地区是有名的苦咸水区域,水资源矿化度偏高,部分供水水源地多项因子存在不同程度的超标现象,受益人数和解决程度、用水标准在很大程度上受干旱气候与水质差的制约和影响,城乡饮水问题仍没有解决。党和国家领导人高度重视中部干旱带人口饮水问题,2006~2008年期间,胡锦涛总书记、温家宝总理分别亲临中南部地区视察指导工作,都明确指示要抓好水利工程建设,尤其是要切实解决人民群众最关心、最直接、最现实的饮水困难问题。2008年,《国务院关于进一步促进宁夏经济社会发展的若干意见》中要求"抓紧开展固原地区城乡水源工程前期工作,合理规划和建设部分水资源调配工程"。2010年,温家宝总理在中央政策研究室简报(第66期)上就西吉县缺水问题专门作出重要批示:"要制定规划措施,下决心解决西吉饮用水问题。"

　　要解决这一地区水资源短缺问题,必须通过外部调水,而可利用的水源主要有黄河和位于宁夏南部的泾河。宁夏中南部区域已建扬黄水工程,若仍采用扬黄水源,无论是利用已有设施还是利用新建设施,扬程需达到650 m,输送距离达220 km,且费用极高,无论是从技术上还是从经济上都难以实现。而宁夏六盘山东麓泾河流域水量丰沛,水质好,水位高,能够实现自流引水。将泾河流域丰富的地表水向北输送到宁夏中南部干旱缺水地区,"建立大中小型工程并举、库坝窖池联用的供水体系",实现区域水资源的丰枯补济、南北调配,并与扬黄水、库井水联合调度,实现水资源效益的最优化,是解决宁夏中南部地区干旱缺水和106万人的城乡饮水安全问题的根本举措,是解决中南部地区城乡饮水安全问题的唯一可靠水源。工程建设后能够解决宁夏中南部地区干旱缺水状况,是落实党中央、国务院对中南部地区民生问题及少数民族地区的亲切关怀和落实《国务院关于进一步促进宁夏经济社会发展的若干意见》(国发[2008]29号)精神的重大民生工程,对切实解决宁夏中南部地区的贫困问题,改善这一地区的基本生存条件,统筹城乡发展,促进区域城市化、工业化和农业产业化,具有重要意义。

　　而工程引水区——宁夏六盘山东麓泾河源头区水量丰沛,水质好,水位高。同时,涉及泾河源省级风景名胜区、六盘山自然保护区,堪称黄土高原上的一颗"绿色明珠",引水区下游30~50 km外均进入甘肃省境内,区域环境敏感。泾河源头区现状水资源开发利用率低,天然植被状况良好,动植物资源丰富,分布有国家重点保护和六盘山特有物种,使之成为干旱带上的"动植物王国",其生态环境的保护对泾河流域至关重要。

　　鉴于工程建设的必要性和引水区生态环境的敏感性,引水方案与生态环境的协调平衡至关重要。本书重点针对扬黄水、泾河水等水源方案,从环境、经济、工程角度综合研究后确定泾河引水方案,之后针对泾河引水方案又从生态环境和经济、工程角度对泾河

1 911 m自流引水、1 852 m长洞自流、1 852 m短洞自流方案进行比选研究,综合研究选定1 911 m自流引水方案。对确定方案开展生态调查和评价,本书首次系统地调查与研究了泾河源头区水生生态现状,从生态保护角度不断优化引水过程和工程布局,最终研究确定引水方案与生态环境的平衡点,旨在通过优化引水方案研究,以期最大程度地减缓宁夏固原地区城乡饮水安全水源工程实施对环境尤其是生态环境产生的影响,并提出减缓生态环境影响的工程措施和非工程措施,以做到开发与保护并重,正确处理工程建设与环境保护的关系,促进工程建设与社会、经济、环境效益协调发展。

本书共分8章。第1章简要介绍了宁夏固原水源工程的设计及调度运行方案、所处区域环境概况。第2章采用现场调查监测、遥感影像解译、资料分析等方法,对工程所处区域的环境现状进行了调查和分析。第3章确定了研究范围,对工程的环境影响进行了初步分析,识别了生态环境保护目标,明确了研究思路与内容。第4章为本书的研究重点——引水方案环境研究,针对工程可研确定引水水源、引水方式、引水高程、集中与分散等多种引水方案,从生态环境影响和经济技术等角度综合研究推荐最优方案。第5章研究了工程建设引起的对泾河流域陆生生态环境、水生生态环境、水文情势的影响,水量引起的对截引断面及省界断面生态水量影响、引水区及受水区水环境的影响。第6章针对第5章工程建设产生的影响提出了低坝生态放水、仿自然过鱼道、生态及水环境保护等措施。第7章对施工期环境影响及对策进行了研究。第8章对研究成果进行了总结,并为工程运行期改善和保护引水区、受水区生态环境以及其他方面的问题提出了若干建议。

在本课题研究和本书编写过程中,北京列德生态环境科技服务中心、中国水产科学研究院黄河水产研究所、宁夏回族自治区水文水资源勘测局给予了技术支持。课题得到宁夏回族自治区水利厅、宁夏回族自治区环保厅、宁夏回族自治区林业局、宁夏水利水电勘测设计研究院有限公司、宁夏水务投资集团有限公司、宁夏回族自治区六盘山国家级自然保护区管理局、固原市环保局、黄河水利委员会等单位的大力帮助。在此对上述关心、支持与帮助本研究工作的单位和领导表示衷心的感谢!

在本书的编写过程中,黄河流域水资源保护局郝伏勤教授,黄河水资源保护科学研究所黄锦辉教授,原中国环境科学研究院王家骥教授,长江水资源保护科学研究所雷少平教授,中国水产科学研究院黄河水产研究所张建军教授倾注了大量的心血,给予了悉心的指导和帮助,黄河水资源保护科学研究所所长曾永对该项研究工作给予了大力支持。课题组成员黄河水资源保护科学研究所张建军、闫莉、郝岩彬、程伟,北京列德生态环境科技服务中心成文连,中国水产科学研究院黄河水产研究所李科社、张军燕,宁夏水利水电勘测设计研究院有限公司哈岸英、曹建中、马成军等,宁夏水务投资集团有限公司雷杰、康金虎等也付出了辛勤的劳动。在此表示最诚挚的感谢!

水利工程的生态环境影响非常复杂,且具有长期性、累积性的特点,由于时间及研究水平有限,难免存在一些不足和错误之处,敬请专家、领导以及各界人士批评指正。

作 者

2012 年 10 月

目　录

1 工程及区域环境概况

1.1 工程概况

1.1.1 工程地理位置

宁夏固原地区城乡饮水安全水源工程(简称本工程)位于宁夏中南部地区——固原市的泾源县和原州区,工程引水区为泾源县,受水区为固原市原州区、彭阳县、西吉县全部及中宁市海原县南部。工程沿线经过泾源县六盘山、兴盛、黄花、什字、大湾及固原市南郊的开城乡,沿线临近 S101 省道,与中宝铁路、福银高速相交。工程主要包括"一源、二调、三泵、五截、十隧",截引工程主水源——龙潭水库为已有工程,地处泾源县内,水库坝址位于渭河一级支流泾河源区,库区及大坝位于六盘山自然保护区内,坝下为泾河源省级风景名胜区。工程主调蓄水库——中庄水库位于固原市南部 10 km 的原州区开城镇和泉村附近,距固原市 10 km,坝址位于清水河一级支沟上。工程辅助调蓄水库——暖水河水库坝址位于秦家河沟口秦家沟下游 400 m 处。截引点具体位置见表 1-1。工程地理位置见附图 1,引水区及受水区示意图见附图 2,实景拍摄图见附图 13。

表 1-1 工程各截引点具体位置

截引点名称	所在河流		位置
红家峡	泾河	二级支沟	西大庄红旗小学南侧
白家沟	暖水河	一级支沟	白家高庄
石咀子	策底河	干流	策底河石咀子村附近
清水沟	颉河	一级支流	半个山村南侧
卧羊川		干流	下磨和黎家塘

1.1.2 工程建设的必要性

1.1.2.1 宁夏中部干旱带农村饮水困难问题是历史性难题

新中国成立以来,虽然坚持不懈地兴修水利,使农村人畜饮水困难情况逐步改善,但相当多的工程抗灾标准低、供水保障能力差,每遇较大干旱,饮水困难矛盾就凸现出来。

20 世纪 70 年代初出现连续五年干旱,造成中部干旱带 66.2 万人、113.8 万头(只)大家畜和羊严重缺水的灾情。

80 年代出现了两次严重缺水干旱。其中 1987 年的大旱,中部干旱带和南部山区缺水人口达 130 万人,其中特重灾有 60 万人,海原、同心要到 30 ~ 40 km 以外处拉水。

90 年代以来,中部干旱带重大旱灾频繁发生、间隔时间缩短、危害加重,正常年份有70 万人饮水困难,其中特困人口 30 万人。1999 年 9 月至 2000 年 5 月底,连续 260 多天没有有效降水,大多数农户要到 30 km 以外处拉水,拉水费用每立方米高达 40 ~ 90 元。2001 年春夏两季干旱,有 12 万群众远距离拉水,35 万头(只)大家畜和羊靠拉水饮用或转移放牧场来解决饮水困难。

　　极度干旱的气候条件和十分贫乏的水资源状况,是造成中部干旱带农村人畜饮水困难的主要因素,有些地方不适合人类居住,自然条件极其恶劣,决定了解决这一地区人畜饮水困难是一件难度很大的工作。地理位置偏远、地形条件复杂、经济发展落后、贫困人口集中、农村居民居住分散,更增加了解决中部干旱带人畜饮水问题的复杂性和艰巨性。

1.1.2.2　近几年持续干旱,已建水源工程供水保证率低

　　多年来,自治区把兴修水利作为改善中部干旱带自然面貌和生存条件的根本措施,以高效利用水资源为中心,坚持不懈地打水窖、建泵站、筑塘坝、修梯田,千方百计地利用天上水、地表水、地下水,做到"三水"齐抓,蓄、引、提、集相互结合,库、坝、窖、池联合运用。

　　但近几年由于宁夏中南部地区年降水量、有效降水次数都呈现出明显的、有规律的递减趋势,2003 年 9 月至 2006 年 4 月,宁夏出现了连续近 960 天无有效降水,在 2005 年 50年一遇的特大干旱的基础上,2006 年中部干旱带的旱情进一步加重,导致已有水源工程水量不足,供水标准偏低,造成"守着工程没水吃"、"靠天吃饭"的缺水局面。2005 ~ 2008年,农村每年都有 20 多万人靠远距离拉水或买水度日,拉水最大往返距离 80 km 左右,每立方米水的运费达 80 ~ 100 元。西吉县现状最高日缺水 3 000 m³,年短缺水量达 70 万m³。固原市因缺水,城市供水网络不能覆盖城市范围,周边 2 万 ~ 3 万人仍采用土园井、水窖用水,有 2 个小区 1 000 户居民 5 ~ 6 楼住户白天水少,晚上起来接水。2007 年,农村集中饮水工程平均供水量 397 万 m³,供水标准 25 L/d;分散供水工程平均供水量 221.5万 m³,供水标准 12 L/d,生活用水定额明显低于根据《村镇供水工程技术规范》(SL 310—2004)和水利部、卫生部下发的水农[2004]547 号文《关于印发农村饮用水安全卫生评价指标体系的通知》中规定的一区用水标准。2007 年,受水区城镇生活总供水量 567 万m³,人均用水量 80 L/d,低于《城市居民生活用水量标准》(GB/T 50331—2002)规定的宁夏用水定额的下限(85 L/d),用水定额偏低。

1.1.2.3　受水区部分水源天然水质较差,无法满足饮用水水质要求

　　宁夏中南部地区是有名的苦咸水分布区域,主要涉及海原、西吉、原州区等地的10.99 万人。区域水资源矿化度偏高,部分供水水源地硫酸盐、氯化物、溶解性总固体存在不同程度的超标现象,如海原南部重点供水工程(地表水)硫酸盐超标。另外,西吉县、彭阳县个别水源水质存在含盐量高的问题;西吉县八台轿水库硫酸盐、溶解性总固体、氯化物超标,无法满足饮用水水质要求,急需外部优质水源进行补充和替换。

1.1.2.4　受水区水资源开发利用程度高,引发不同程度的环境问题

　　受水区城镇现状地下水取水工程主要位于限制开采区,5 个地下水源地中彭堡、沙岗子水源地现状存在城镇、农业争水现象,且地下水位持续下降、水量衰减、出现漏斗等现象(彭堡水源地地下水位下降速率 1.5 m/a,沙岗子水源地地下水位下降速率 0.1 m/a)。2007 年,当地水资源利用量已达到 0.89 亿 m³,为当地水资源可利用量的 123% 左右,开

发利用程度高,急需寻找新的替换水源,遏制区域生态环境恶化趋势。

1.1.2.5 工程建设是解决中部干旱带农村饮水安全的迫切需要

水是人类生存最基本的条件,获得安全饮用水是人类的基本需求,事关群众的生命、生存安全。中部干旱带75.88万饮水不安全人口至今还在与极其恶劣的自然环境条件抗争,许多贫困农民住着简易的土坯房、窑洞,饮水设施以传统、落后的分散供水为主,一家几口为了生存用水,远距离买水度日,拉水最大往返距离80 km,每立方米水成本高达七八十元,这和城市居民不仅有充足的生活、卫生用水,还要依水而居,享受景观水道、水上乐园等形成强烈反差。高氟、苦咸、污染等水质问题已严重危害到群众身体健康,尤其是长期水量严重短缺、每年几个月远距离拉水,使农民一贫如洗,严重威胁到群众的生存,解决饮水安全问题是农民的迫切需要。

1.1.2.6 宁夏中南部干旱带引起党中央、国务院领导人的高度重视

党中央、全国人大、国务院十分关心宁夏中南部吃水问题,2007年4月胡锦涛总书记,2006年5月、2008年8月温家宝总理分别亲临中南部地区视察指导工作,都明确指示要抓好水利工程建设,尤其是要切实解决人民群众最关心、最直接、最现实的饮水困难问题。2008年,《国务院关于进一步促进宁夏经济社会发展的若干意见》中要求"抓紧开展固原地区城乡水源工程前期工作,合理规划和建设部分水资源调配工程"。2010年2月24日,温家宝总理在中央政策研究室简报(第66期)上就西吉县缺水问题专门作出重要批示:"要制定规划措施,下决心解决西吉饮用水问题。"2010年9月14日,吴邦国委员长在宁夏调研时强调,有关方面继续采取切实有效措施,争取用3年左右时间基本解决中南部地区城乡居民饮水安全问题,让中南部地区各族群众的生活一天天好起来。2010年9月,全国人大常委会副委员长陈昌智、原副委员长盛华仁先后视察宁夏中南部地区城乡饮水安全水源工程进展情况。2011年3月14日,吴邦国委员长在十一届全国人大四次会议闭幕会讲话中提到,要解决宁夏中南部城乡饮水安全问题。在每年的全国人大、全国政协、自治区人大、自治区政协的会议上,都有关于加快该工程建设的建议和要求。

1.1.2.7 工程建设是国家农村饮水规划及中央一号文件的宏观要求

国家农村饮水规划及中央一号文件均明确要解决城乡居民饮水安全问题,《全国农村饮水安全"十一五"规划》总体目标:……力争在2015年以前,基本解决农村饮水安全问题,建立起农村饮水安全保障体系。规划中明确宁夏在"十一五"期间解决150万农村饮水不安全人口。中央一号文件《中共中央 国务院关于加快水利改革发展的决定》也明确提出:"继续推进农村饮水安全建设,到2013年解决规划内农村饮水安全问题,'十二五'期间基本解决新增农村饮水不安全人口的饮水问题。"

中部干旱带是国家重点扶持的贫困地区之一,其中工程受水区均属国家级贫困县(区),是我国目前经济最落后、最贫困的几个地区之一,区域内自然条件恶劣,人居条件差,水资源短缺,受水区多年平均可利用水资源量为0.72亿 m^3,城乡饮水不安全问题十分突出。虽然"十一五"期间受水区解决了27.51万不安全人口饮水问题,但仍有40.92万农村人口存在饮水不安全问题,急需响应中央一号文件的号召,推进农村饮水安全水源工程建设,解决区域资源性缺水造成的不安全人口饮水问题。

综上所述,区域干旱缺水问题十分突出,严重制约着区域经济社会的可持续发展,人

民群众长期处于国家重点扶贫区域,急需寻找新的水源解决宁夏中南部地区居民饮水困难问题。南部六盘山东麓泾河水系水量丰沛、水质好、水位高,是解决中南部地区城乡饮水安全问题的唯一可靠水源。项目实施是实现宁夏水资源"南北配置、丰枯补给"格局的一项重大措施。工程实施后,能够改善宁夏中南部地区居民基本的生存条件,从根本上解决宁夏中南部地区干旱缺水、城乡居民饮水困难、经济发展严重滞后的局面,对加快以固原市区作为区域中心城市的发展,带动西吉、彭阳等城市发展,增强民族团结,维护社会稳定,都具有非常重要的意义,是最为紧迫的民生水利工程,从区域供水现状来看,工程建设十分必要。

1.1.3 工程任务和规模

1.1.3.1 工程任务

本项目的建设任务是:从泾河源流区引水至宁夏中南部地区,解决固原市原州区、彭阳县、西吉县和中卫市海原县部分地区城乡生活供水问题。

本工程供水范围内"一区三县"供水人口详见表1-2。

表 1-2 受水区供水人口 （单位:万人）

序号	项目	原州区	彭阳县	西吉县	海原县	合计
	2009 年总人口	27.28	22.48	44.91	16.13	110.80
1	城镇人口	11.49	2.56	4.06	3.30	21.40
	农村人口	15.79	19.92	40.85	12.83	89.40
	2025 年总人口	31.98	26.35	53.52	19.20	131.05
2	城镇人口	14.39	10.54	21.41	7.68	54.02
	农村人口	17.59	15.81	32.11	11.52	77.03

1.1.3.2 设计水平年及供水保证率

基准年为 2009 年,设计水平年为 2025 年。

供水保证率:农村生活用水及城市生活用水为 95%。

1.1.3.3 工程规模

宁夏固原地区城乡饮水安全水源工程是以城乡生活供水为主的引水工程,设计流量 3.75 m³/s,年供水量 3 719 万 m³,考虑管网损失率及水库蒸发渗漏量,多年平均引水量 3 980 万 m³。本工程等别为Ⅲ等中型工程。"一区三县"规划水平年 2025 年工程供水量分配见表 1-3。

1.1.3.4 工程引水规模及过程

输水工程多年平均引水量为 3 980 万 m³,沿线共布置截引点 5 个,主水源龙潭水库,辅助调节水库暖水河水库。其中,泾河干流布设截引点 1 个,主水源为龙潭水库,取水量 2 168 万 m³/a;暖水河布设截引点 1 个,辅助调节水库暖水河水库,取水量 788 万 m³/a;策底河布设截引点 1 个,取水量 481 万 m³/a;颉河布设截引点 2 个,取水量 543 万 m³/a,各截引点分布见附图 3。引水过程线见图 1-1。

表 1-3　规划水平年 2025 年工程供水量分配

分区	外调供水量(万 m³)				所占比例(%)
	城镇生活	农村生活	农村牲畜	小计	
原州区	515	311	21	847	22.8
彭阳县	477	266	47	790	21.2
西吉县	1 006	537	47	1 590	42.8
海原县	284	187	21	492	13.2
调入区合计	2 282	1 301	136	3 719	100.0

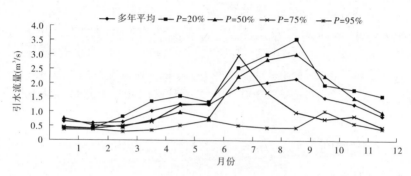

图 1-1　输水工程典型年引水过程线

1) 截引工程设计流量

在输水工程引水量调节计算时,为了灵活调度,同时为了减少对下游的影响,保证生态基流,龙潭水库、红家峡和石咀子在主汛期加大引水流量,即主汛期流量加大到非汛期流量的 1.5 倍,其他截引点汛期和非汛期采用相同的截引流量,详见表 1-4。

表 1-4　工程设计引水流量

序号	取水点	非汛期截引流量(m³/s)	汛期截引流量(m³/s)	设计引水流量(m³/s)
1	龙潭水库	1.50	2.25	2.25
2	石咀子	0.35	0.53	0.55
3	红家峡	0.15	0.23	0.25
4	暖水河	0.65	0.65	0.65
5	白家沟	0.05	0.05	0.05
6	清水沟	0.55	0.55	0.55
7	卧羊川	0.50	0.50	0.50
	合计	3.75	4.76	4.80

2) 输水工程设计流量

综合水文、工程布置、建筑物型式等因素,分段确定输水工程设计流量,见表 1-5。

表 1-5　输水工程分段设计流量

输水工程分段	设计引水流量(m³/s)
龙潭—兰大庄段(0 + 000 ~ 5 + 100)	2.25
兰大庄—暖水河段(5 + 185 ~ 21 + 885)	3.00
暖水河—中庄水库段(21 + 885 ~ 69 + 693)	3.75
中庄水库—固原南郊段(0 + 000 ~ 4 + 701)	1.20

3)水库工程规模

本工程共包括水库工程 3 处,分别为龙潭水库、中庄水库和暖水河水库。龙潭水库为已有水库,主要由溢流坝、工作桥、泄洪闸、发电引水口及引水隧道组成。原设计总库容 45 万 m³,运行 36 年,根据 2009 年 3 月水库实测资料,有效库容约 2.5 万 m³。本次工程仅改造,不扩建原有库容,更换金属闸门,原有工作桥抬高,新建取水塔,增加排沙口,整治库区滑坡体,输水洞后沿泾河河岸建输水竖井,沟底埋管道接主输水管道。新建中庄水库,总库容 2 564 万 m³,调节库容 2 300 万 m³。新建暖水河水库总库容 560 万 m³,调节库容为 400 万 m³。

1.1.4　水量调度原则及调度方案

1.1.4.1　水量调度原则

按照"丰水期多引水、平水期少引水、枯水期尽量不引水"的原则调度,检修期 10 月 27 ~ 31 日不引水,各截引点、水库均优先保证河道内 10% 生态水量、河道外需水量后按照设定的设计引水流量引水。工程运行管理单位根据当地短期及中长期天气预报及时制订每年的水量调度计划,报请主管部门批准,按照批准的水量进行调度运行;建议截引水量设置计量措施,严格按照设计引水流量引水;考虑宁夏、甘肃两省(区)利益,请上级主管部门加强监督管理。

1.1.4.2　水量调度方案

1)龙潭水库调度

根据每天天然来水情况,首先保证河道内 10% 生态水量通过溢流坝下泄,然后按照设定的设计引水流量引水;汛期 6 ~ 9 月,水库最高运行水位按汛限水位 1 915.70 m 控制,通过溢流坝顶闸门进行调节;根据水文预报,洪水来临后通过溢流坝泄洪;非汛期 10 月至翌年 5 月底,水库最高运行水位按正常蓄水位 1 916.60 m 控制,通过溢流坝顶闸门进行调节;取水口拉沙安排在每年主汛期,通过拉沙洞及其后部放空设施完成。

2)中庄水库调度

根据中庄水库的蓄水量、蓄水位情况,依次调节暖水河、石咀子、龙潭取水口的引水量;当水库水位超过正常蓄水位时,开启泄水设施弃水;汛期 6 ~ 8 月水库最高运行水位按汛限水位控制。洪水发生后,应及时开启泄洪设施泄洪。洪水结束后,关闭泄洪设施,水位控制在汛限水位以下。

3)暖水河(秦家沟)水库调度

水库运行初期,可利用泄洪孔进行供水及泄洪。当淤积面达到一定高程后,可使用高、低位进水口进行供水,且泄洪孔闸门应每月开启一次对闸前淤积物进行拉淤,以保证闸门前进水的畅通和闸门的灵活开启。汛期 6～9 月,水库按补水泵站最小流量供水。最高运行水位按汛限水位(同正常蓄水位)控制,根据水情测报,通过泄洪水塔控制调节。非汛期 10 月至翌年 5 月底,水库按补水泵站最大流量供水,水库最高运行水位按正常蓄水位控制,通过泄洪隧洞进行调节。

1.1.4.3 工程总布置及主要建筑物

本工程主要由水库工程、截引工程、输水工程、泵站工程组成,具体工程包括"一源、二调、三泵、五截、十隧"工程(主水源——龙潭水库,二座调节水库——暖水河水库、中庄水库,三座扬水泵站,五座截引建筑物,十座隧洞),引水线路总长 74.394 km,其中隧洞36.448 km,管道 37.946 km。布置各类建筑物 160 座,其中隧洞 10 座,公路路涵 19 座,生产路路涵 43 座,管桥 7 座,防护工程 33 处,检查井、排气补气阀井共 67 座。输水主管道采取重力自流输水方式。

工程主要建筑物及组成情况详见表 1-6。

表 1-6 工程主要建筑物及组成情况

主要工程		工程组成	工程性质	具体规模
主体工程	水库工程	龙潭水库	加固改造	由大坝加固工程、取水建筑物工程、输水管道工程、交通道路工程组成	大坝:更换溢流堰控制钢闸门 3.5 m×4.0 m 共 4 扇,25 t 双吊点螺杆式启闭设备 4 套;工作桥:加高;取水塔:取水孔口尺寸采用 1.5 m×1.5 m,底板高程维持原有状态,排沙口孔口尺寸 2.0 m×2.0 m,水塔塔高为 12.3 m;输水隧洞扩宽后为 2 m×2 m,长度 140 m;交通洞:4 m×4 m,长 140 m;输水竖井:爬坡高度 35 m
		主调节水库	新建	中庄水库:由水库大坝、进水工程、输泄水工程、交通道路和坝后生活区五部分组成	大坝:碾压式均质土坝;进水工程:位于水库右岸上游 780 m 的岔沟内,设计流量 3.75 m³/s;输泄洪工程:由输水塔、输水泄洪隧洞、分水闸室、泄空管道及消能尾水五部分组成;水库交通道路:由右岸检修道路、左岸检修道路和生产恢复道路三部分组成;坝后生活区:建筑面积 418 m²
		辅助调节水库	—	暖水河水库:由水库大坝、泄水工程、输水工程、生活区及进场道路五部分组成	大坝:碾压式土石混合坝,泄水建筑物由泄洪塔、泄洪隧洞、导流隧洞和消力三部分组成。输水工程主要由引水工程(从水库泄水塔弧形闸门和检修闸门间左侧墙开洞取水)、输水管道等组成。水库生活区位于坝后左岸,进厂道路总长 2.97 km

主要工程		工程组成	工程性质	具体规模
主体工程	输水工程	管道	新铺设	管道长 35.883 km,根据地形条件和管道压力不同选用玻璃钢管、预应力钢筋混凝土管和钢筒混凝土管。龙潭—兰大庄:$Q=2.25$ m^3/s;兰大庄—暖水河段:$Q=3.00$ m^3/s;暖水河—中庄水库:$Q=3.75$ m^3/s;中庄水库—固原南郊:双排管 1.2 m^3/s
		隧洞	新开挖	隧洞长 36.448 km,采用马蹄形无压洞输水,输水线路共布置隧洞 10 座,4 座长洞,单洞长度为 4 675~10 775 m;6 座短洞,单洞长度为 595~2 010 m。洞最大净高 2.35 m,最大宽度为 2.14 m,设计水深 1.53 m、1.81 m
		支洞	新开挖	对洞长超过 4 000 m 的 2#、4#、6#、8# 长隧洞布设支洞,共布置 10 条支洞,总长 3 678 m,宽 6.0 m,高 4.5 m。6# 隧洞的 3# 支洞为永久支洞,其他为施工临时支洞
		隧道与管道的连接	新建	马蹄形隧洞进出口与圆形的混凝土管道之间采用现浇混凝土池以及渐变段连接,各长 10 km
		附属建筑物:管桥、排气补气阀井、排污检查井、路涵、交叉建筑物、镇墩	新建	管桥主要由输水管道、支承结构、基础和进出口等部分组成。排气补气阀井 35 个,排污检查井 32 座,仅分排污和排污 + 检修两类;共设置路涵 43 座,其中公路路涵 17 座,生产路路涵 26 座;共设镇墩 276 个
	截引工程	由红家峡、白家沟、石咀子、清水沟、卧羊川截引支线及截引建筑物组成	新建	引水支线总长 16.44 km:红家峡 4.24 km,白家沟 0.265 km,策底河 7.759 km,清水沟 0.212 km,卧羊川 3.964 km。截引建筑物:明水沉沙池 + 浅流底栏栅
	泵站工程	石咀子加压泵站由两级补水泵站组成,暖水河加压泵站由泵站主体、进水汇流罐、出水汇流罐、流量计井及波动预止阀井五部分组成	新建	石咀子:一级加压泵站共安装 4 台离心泵,净扬程 80.5 m;二级加压泵站共安装 4 台离心泵,净扬程 111 m。暖水河:安装 2 台立式水泵,净扬程 78~61.4 m

1.2 区域环境概况

1.2.1 区域水资源及开发利用状况

1.2.1.1 河流水系概况

本工程涉及泾河、清水河、葫芦河、祖厉河等4个流域,项目区主要河流基本情况见表1-7。

表1-7 项目区主要河流基本情况

县、区	水系	河流	发源地	流域面积（km²）	河流长度（km）	河道平均比降(‰)	汇入地点
泾源县	泾河	策底河	石沟阳洼庙庙梁	107	16.8	27.5	在泾川入泾河干流
		泾河干流	梁殿峡	485	38.9	17.4	入甘肃平凉崆峒水库
		暖水河	惠台乡南台	173	27.4	17.5	在崆峒水库下游入泾河干流
		颉河	大湾录元红沟	285	29.8	28.2	在暖水河入河口的下游入泾河干流
		茹河		63			
彭阳县	泾河	洪河	新集豆家山庄	316	59.3	15.5	在泾川下游入泾河干流
		茹河	开城水沟毫	2 011	92.8	12.11	在西峰巴家嘴水库下游入蒲河
		蒲河	环县庙儿掌沟	803	49.0	8.72	在泾川县的杨家坪入泾河干流
西吉县	葫芦河	干流	西吉县月亮山	960	119.8	3.39	甘肃静宁县
		滥泥河	甘肃会宁老君乡大山川	516	58.9	2.13	西吉兴隆镇
		马莲川	固原红庄乡樊家庄	231	45.9	8.57	西吉将台乡杨家河
		什字河	隆德观庄六盘山西侧	158	52.8	9.68	西吉兴隆赵家庄
		好水川	观庄乡六盘山西侧	127	51.7	8.35	兴隆乡以下3 km
	清水河	中河臭水河		578			
	祖厉河			487			

县、区	水系	河流	发源地	流域面积（km²）	河流长度（km）	河道平均比降（‰）	汇入地点
原州区	清水河	冬至河		500	45.1		
		杨达子沟		205	26.3		
		中河等其他小沟		301			
	葫芦河	马莲川	固原红庄乡樊家庄	217			西吉将台乡杨家河
	泾河	茹河		576			
海原县	清水河	大红沟		161	34.6		
		苋麻河		763	80.4		
		双井子沟		350			

1）引水区

工程的引水区涉及泾河干流及其一级支沟、二级支沟、三级支沟，以及其一级支流暖水河、一级支流颉河和二级支流策底河，详见表 1-8。

表 1-8　工程取水点及所在河流情况

序号	取水点	所在河流	发源地	截引断面距源头距离（km）	源头海拔（m）	集水面积（km²）	径流深（mm）	年径流量（万 m³）	宁夏境内河长度（4条河流）（km）	宁夏境内集水面积（4条河流）（km²）	省界断面年径流量（4条河流）（万 m³）	出口
1	龙潭水库	泾河	干流	23		133	300	4 066	38.9	485	10 491	
2	红家峡	二级支沟	石坎沟	6.2	2 500	18.5	280	518				于下九社入香水河
3	暖水河	暖水河 干流	石渠	13.5	2 450	50	210	1 050	22	173	2 941	于沿川子出境进入甘肃省境内
4	白家沟	一级支沟	顿家川	5.6	2 220	15	240	360				于下寺下游 2 km 处入暖水河
5	石咀子	策底河 干流	老鸦沟	11.5	2 300	78	245	1 911	16.8	107	2 568	于董家塬入甘肃省境内
6	清水沟	一级支流	白银寺沟	11.4	2 300	60	140	840	29.8	285	3 990	于下清水沟入颉河
7	卧羊川	颉河 干流	龙王庙沟	11.1	2 460	57	160	912				于蒿店下游 5 km 处的苋麻湾入甘肃省境内

（1）泾河。

泾河为渭河的一级支流、黄河的二级支流，发源于宁夏回族自治区六盘山东麓泾源县境，由西北向东南流经宁夏、甘肃、陕西3省（区）的固原、平凉、庆阳和咸阳等地市，于陕西高陵县南入渭河。泾河全长483 km，泾河流域面积45 421 km²，其中宁夏境内流域面积4 955 km²，多年平均径流量32 640万m³。

本工程取水点龙潭水库位于泾河干流源头区，宁夏境内河流长度38.9 km，截引断面距源头23 km，集水面积133 km²，年径流量4 066万m³；红家峡截引点位于泾河二级支沟，河流长度16.1 km，截引断面距源头6.2 km，集水面积18.5 km²，年径流量518万m³。宁夏境内泾河干流及红家峡支沟集水面积485 km²，年径流量10 491万m³。

（2）暖水河。

暖水河发源于宁夏泾源县惠台，由西向东流经惠台、米岗、沙塘进入甘肃省的崆峒峡境内，在崆峒水库下游入泾河干流。流域总面积173 km²，多年平均径流量2 941万m³。

本工程暖水河水库位于暖水河干流，截引断面距源头13.5 km，集水面积50 km²，年径流量1 050万m³；白家沟属于暖水河一级支沟，于下寺下游2 km处入暖水河，河流长度10.3 km，截引断面距源头5.6 km，集水面积15 km²，年径流量360万m³。宁夏境内暖水河干流及白家沟支沟集水面积173 km²，年径流量2 941万m³。

（3）颉河。

颉河发源于宁夏大湾乡录元的红沟，由西向东流经什字、蒿店两乡，于苋麻湾出境，在暖水河入河口的下游入泾河干流。主河道长26 km，流域面积285 km²，多年平均径流量3 990万m³。

本工程卧羊川截引点位于颉河干流，于蒿店下游5 km处的苋麻湾入甘肃省境内，河流长度29.8 km，截引断面距源头11.1 km，集水面积57 km²，年径流量912万m³。

清水沟为颉河一级支流，于下清水沟入颉河，河流长度19.1 km，截引断面距源头11.4 km，集水面积60 km²，年径流量840万m³。

（4）策底河。

策底河发源于宁夏泾源县石沟阳洼庙庙梁，自西向东在甘肃省境内流入汭河，汭河于甘肃省泾川汇入泾河干流。宁夏境内主河道长16.8 km，流域面积107 km²，多年平均径流量2 568万m³。

本工程石咀子截引点位于策底河干流，于董家塬入甘肃省境内，截引断面距源头11.5 km，集水面积78 km²，年径流量1 911万m³。

2）受水区

工程受水河流清水河是宁夏境内直接入黄河的第一大支流，发源于六盘山东麓开城乡黑刺沟脑，流经固原、海原、同心、中宁四县，在中宁县泉眼山汇入黄河，全长320 km，境内流域面积13 511 km²（总面积14 481 km²）。清水河在原州区境内流域面积2 057 km²，西吉县境内面积578 km²，海原县境内流域面积2 622 km²。

葫芦河发源于六盘山西麓及其余脉月亮山，河长120 km，流经宁夏西吉县、原州区、隆德县，于甘肃省静宁县汇入渭河。宁夏境内流域面积为3 281 km²，其中西吉县2 079 km²，原州区217 km²，隆德县985 km²。

祖厉河发源于宁夏海原县红羊、关庄及西吉县红跃、大坪,宁夏境内流域面积 597 km²,其中西吉县 487 km²,海原县 110 km²。

1.2.1.2　区域水资源现状

1)引水区

(1)水资源总量。

引水区泾源县全部为泾河水系,多年平均地表水资源 2.035 亿 m³,地下水资源 1.292 亿 m³(全部为地表水的重复计算量)。水资源总量为 2.035 亿 m³,详见表 1-9。

表 1-9　宁夏泾河流域及引水区多年平均径流量

河流名称	宁夏境内泾河流域出境断面		引水区		说明
	流域面积 (km²)	多年平均径流量 (亿 m³)	流域面积 (km²)	多年平均径流量 (亿 m³)	
泾河干流	485	1.049	485	1.049	含东峡沟
暖水河	173	0.294	173	0.294	
颉河	285	0.399	285	0.399	
策底河	107	0.257	107	0.257	
洪河	359	0.158			
茹河	2 011	0.804	63	0.036	
蒲河	803	0.220			
环江	775	0.083			宁夏盐池县
合计	4 998	3.264	1 113	2.035	

(2)水资源可利用量。

泾源县多年平均地表水可利用量 1.03 亿 m³。矿化度全部在 1.0 g/L 以下,在保证率为 75%、95% 的情况下,可利用量为 0.759 亿 m³、0.503 亿 m³。

2)受水区

(1)水资源总量。

受水区地表径流主要来源于大气降水,多年平均地表水资源量 3.104 亿 m³,其中矿化度大于 2 g/L 的地表水资源量 1.072 亿 m³,地下水资源量 1.173 亿 m³。水资源总量为 3.104 亿 m³,其中矿化度大于 2 g/L 的地表水资源量 1.072 亿 m³,详见表 1-10。

(2)水资源可利用量。

经计算,受水区各县多年平均水资源量 3.104 亿 m³,多年平均水资源可利用量 1.122 亿 m³,保证率 75% 的水资源可利用量 0.799 亿 m³,保证率 95% 的水资源可利用量 0.506 亿 m³。扣除可利用水量中矿化度大于 2.0 g/L 的水量,受水区多年平均可利用地表水资源量为 0.720 亿 m³,保证率 75%、95% 的水资源可利用量分别为 0.517 亿 m³、0.332 亿 m³。

受水区各县水资源可利用量详见表 1-11。

表 1-10 受水区水资源总量计算成果

县（市）	流域	面积（km²）	多年平均地表水资源量（亿 m³）	多年平均地下资源量（亿 m³）	重复计算量（亿 m³）	水资源总量（亿 m³）	
						小计	其中矿化度大于 2 g/L 的地表水资源量
原州区	清水河	2 057	0.727	0.291	0.291	0.727	0.262
	葫芦河	217	0.226	0.020	0.020	0.226	
	小计	2 274	0.953	0.311	0.311	0.953	0.262
西吉县	祖厉河	487	0.080	0.020	0.020	0.080	0.080
	清水河	578	0.148	0.038	0.038	0.148	0.072
	葫芦河	2 079	0.585	0.236	0.236	0.585	0.212
	小计	3 144	0.813	0.294	0.294	0.813	0.364
彭阳县	泾河	2 491	0.892	0.373	0.373	0.892	
海原县	清水河	2 622	0.446	0.195	0.195	0.446	0.446
合计	清水河	5 257	1.321	0.524	0.524	1.321	0.780
	葫芦河	2 296	0.811	0.256	0.256	0.811	0.212
	泾河	2 491	0.892	0.373	0.373	0.892	
	祖厉河	487	0.080	0.020	0.020	0.080	0.080
	小计	10 531	3.104	1.173	1.173	3.104	1.072

表 1-11 受水区地表水可利用量计算成果

县（市）	流域	地表水可利用量（亿 m³）			扣除矿化度大于 2 g/L 的可利用量（亿 m³）		
		多年平均	$P = 75\%$	$P = 95\%$	多年平均	$P = 75\%$	$P = 95\%$
原州区	清水河	0.287	0.199	0.122	0.186	0.129	0.078
	葫芦河	0.113	0.082	0.053	0.113	0.082	0.053
	小计	0.400	0.281	0.175	0.299	0.211	0.131
西吉县	祖厉河	0	0	0	0	0	0
	清水河	0.059	0.041	0.025	0.030	0.021	0.013
	葫芦河	0.277	0.201	0.130	0.194	0.140	0.091
	小计	0.336	0.242	0.155	0.224	0.161	0.104
彭阳县	洪茹蒲	0.197	0.145	0.097	0.197	0.145	0.097
海原县	清水河	0.189	0.131	0.079	0	0	0
合计	清水河	0.535	0.371	0.226	0.216	0.150	0.091
	葫芦河	0.390	0.283	0.183	0.307	0.222	0.144
	祖厉河	0	0	0	0	0	0
	小计	1.122	0.799	0.506	0.720	0.517	0.332

1.2.1.3 取水河段及取水断面径流量

截引沟道日平均流量系列的推求,采用水文比拟法。用截引沟道的多年平均径流量与代表站多年平均径流量的比值,再乘以代表站 1956～2008 年日平均流量系列,得到各截引沟道的设计日平均流量系列,作为调节计算的长系列流量资料。各截引点不同频率径流量计算结果见表 1-12。

表 1-12　截引区域各截引点不同频率径流量计算结果

序号	截引点	集水面积（km²）	年径流量（万 m³）	设计年径流量（万 m³）			
				$P=20\%$	$P=50\%$	$P=75\%$	$P=95\%$
一	泾河干流	221.8	6 471	8 770	6 008	4 273	2 434
1	龙潭水库	133	4 066	5 496	3 781	2 699	1 549
2	红家峡	18.5	518	704	480	340	192
二	暖水河	65	1 410	1 935	1 299	905	497
3	暖水河水库	50	1 050	1 441	967	674	370
4	白家沟	15	360	494	332	231	127
三	策底河	78	1 911	2 584	1 777	1 269	728
5	石咀子	78	1 911	2 584	1 777	1 269	728
四	颉河	117	1 752	2 416	1 608	1 111	599
6	卧羊川	57	912	1 258	837	578	312
7	清水沟	60	840	1 158	771	533	287

中庄水库为本工程的主调节水库,位于大马庄水库北侧的支流入清水河口上游 2.5 km 处,坝址以上集水面积 11.5 km²;下距银平公路 2.2 km,北距固原市 10 km。

中庄水库径流量采用查算 1956～2000 年多年平均年径流深等值线图,并用固原水文站 1956～2000 年与 1956～2008 年的比值进行修正后计算得多年平均径流量为 85.56 万 m³。

1.2.1.4 区域水资源开发利用现状

1）引水区

泾源县境内现状各类供水工程年供水量 327 万 m³,其中当地地表水供水量 186 万 m³,地下水供水量 141 万 m³。现状城镇生活用水量 34 万 m³,占总用水量的 10.4%;农村生活用水量 66 万 m³,占 20.2%;农业用水量 192 万 m³,占 58.7%;工业用水量 35 万 m³,占 10.7%。泾源县现状 2009 年用水量统计见表 1-13。

表 1-13　泾源县现状 2009 年用水量统计

项目	城镇生活	农村生活	农业灌溉	工业	合计
地表水供水量（万 m³）	34	51	66	35	186
地下水供水量（万 m³）	—	15	126	—	141
用水量合计（万 m³）	34	66	192	35	327
占总用水量比例（%）	10.4	20.2	58.7	10.7	100

泾源县多年平均地表水可利用量为 1.03 亿 m³,现状年用水量只有 327 万 m³,仅占地表水可利用量的 3.2%。

2)受水区

受水区境内现状各类供水工程年供水量 9 280 万 m³,详见表 1-14,其中外调水 359 万 m³。受水区现状供水量已基本将矿化度为 2 g/L 以下的可利用量全部用完,而且至少利用了 2 g/L 以上的苦咸水 1 723 万 m³,现状年供水量占可利用量的 79.5%。受水区当地水资源开发利用程度分析结果详见表 1-15。

表 1-14　受水区现状 2009 年用水量统计　　　　　　(单位:万 m³)

县(市)	流域	农业用水量	农村人畜用水量	城镇生活用水量	工业用水量	总供水量			
						当地地表水	地下水	外调水	合计
原州区	清水河	1 455	64	257	183	741	985	233	1 959
	葫芦河	89	27	0	0	116	0	0	116
	小计	1 544	92	257	183	857	985	233	2 075
西吉县	清水河	430	43	0	0	436	37	0	473
	葫芦河	3 927	229	197	70	3 144	1 152	126	4 422
	祖厉河	0	17	0	0	17	0	0	17
	小计	4 357	289	197	70	3 597	1 189	126	4 912
彭阳县	泾河	1 659	120	54	19	1 599	253	0	1 852
海原县	清水河	225	88	103	25	147	294	0	441
清水河		2 110	195	360	208	1 324	1 316	233	2 873
葫芦河		4 016	257	197	70	3 260	1 152	126	4 538
祖厉河		0	17	0	0	17	0	0	17
泾河		1 659	120	54	19	1 599	253	0	1 852
调入区总计		7 785	589	611	297	6 200	2 721	359	9 280

注:外调水指东山坡引水工程贺家湾水库供水量。

表 1-15　受水区当地水资源开发利用程度分析结果

县(市)	流域	总供水量(万 m³)			水资源利用程度		按矿化度为 2 g/L 以下可利用量计算的利用程度	
		地表水	地下水	小计	可利用量(万 m³)	利用程度(%)	矿化度为 2 g/L 以下可利用量(万 m³)	利用程度(%)
原州区	清水河	741	985	1 726	2 870	60.14	1 860	92.80
	葫芦河	116	0	116	1 130	10.27	1 130	10.31
	小计	858	985	1 843	4 000	46.08	2 990	61.62

县(市)	流域	总供水量(万 m³)			水资源利用程度		按矿化度为 2 g/L 以下 可利用量计算的利用程度	
		地表水	地下水	小计	可利用量 (万 m³)	利用程度 (%)	矿化度为 2 g/L 以下 可利用量(万 m³)	利用程度 (%)
西吉县	清水河	436	37	473	590	80.17	300	157.73
	葫芦河	3 144	1 152	4 296	2 770	155.09	1 940	221.49
	祖厉河	17	0	17	0	—	0	—
	小计	3 597	1 189	4 786	3 360	142.44	2 240	213.68
彭阳县	泾河	1 599	253	1 852	1 970	94.01	1 970	94.02
海原县	清水河	147	294	441	1 890	23.33	0	—
调入区 总计	清水河	1 324	1 316	2 640	5 350	49.35	2 160	122.24
	葫芦河	3 260	1 152	4 412	3 900	113.16	3 070	143.75
	祖厉河	17	0	17	0	—	0	—
	泾河	1 599	253	1 852	1 970	94.01	1 970	94.02
	合计	6 200	2 721	8 921	11 220	79.53	7 200	123.92

3) 引水区下游影响区

根据《黄河流域水资源综合规划》2006 年统计数据,平凉市泾河流域用水总人口 26.91 万人,总用水量 3 401 万 m³,其中生活总用水量 2 294 万 m³(其中城镇生活用水量 940 万 m³,农村生活用水量 1 354 万 m³),工业用水量 745 万 m³,建筑业及第三产业用水量 362 万 m³。

1.2.2　东山坡引水工程概况

固原市东山坡引水工程分为水源工程和供水工程两部分,水源工程包括引水干渠和调节水库,引水干渠起于泾源县什字乡东山坡村白银沟,止于开城乡东侧约 760 m 的贺家湾水库。供水工程自贺家湾水库取水,管线基本沿清水河布置,接海子峡至城市供水干管,全长 17.12 km,设计流量 1 m³/s。截引点 12 处,调节水库贺家湾水库总库容 320 万 m³,其中调节库容 270 万 m³。

截至 2008 年底,工程已为固原市区累计供水 459.7 万 m³,主要解决固原城市及固原东部、固西引水 50 万人和 10 亿工业产值的供水问题。

本工程暖水河和颉河上截引点上游分布有东山坡截引点,具体为暖水河白家沟截引点上游 4 km 处为东山坡的顿家川截引点,工程清水沟截引点上面有东山坡的东山坡截引点,卧羊川截引点上有东山坡的刘家沟、庙儿沟、和商铺、高家庄、新庄子、苏家堡截引点。

对于供水范围与本工程重叠的固原市和西吉县,本工程已经扣除东山坡供水量。

1.2.3 六盘山自然保护区概况

1982 年,宁夏回族自治区四届人大四次会议决定建立六盘山自然保护区,为地方级自然保护区,开展自然保护工作,目的在于保护自然环境和自然资源,维护生态平衡,同年12 月,自治区林业厅组织完成了"宁夏六盘山自然保护区区划工作",区划总面积 67 863 hm²。各项申报条件成熟后,上报了国务院,1988 年国务院以国发[1988]30 号文件《关于公布第二批国家级森林和野生动物类型自然保护区的通知》,批准建立六盘山国家级自然保护区,确认六盘山国家级自然保护区位于宁夏回族自治区固原、隆德、西吉、海原和泾源五县交界处,面积 2.6 万余 hm²。

1.2.3.1 地理位置与范围

宁夏六盘山自然保护区位于宁夏回族自治区南部,处于北纬 35°15′ ~ 35°41′,东经 106°9′ ~ 106°30′,海拔 1 700 ~ 2 942 m,跨固原、隆德、泾源三县。山脉狭长,呈南北走向,南北长 110 km,东西宽 5 ~ 12 km。总面积 6.78 万 hm²,是泾河、清水河、葫芦河的发源地。自然保护区位于山的主脉南段,西兰公路以南,东、南与甘肃平凉、庄浪接壤。

1.2.3.2 保护区性质及保护对象

1)保护区性质

宁夏六盘山自然保护区是以保护六盘山自然资源、自然环境、泾河等河流的水源地森林植被,拯救濒危野生动植物物种,保存野生动植物优良基因,保持六盘山地区野生动植物基本生态演替过程和维持系统稳定,保存生物物种多样性和遗传基因优异性,最终实现自然资源的持续利用和自然生态系统良性循环为宗旨,集资源保护、科学研究、生态旅游于一体的森林和野生动物类型自然保护区。

2)保护对象

宁夏六盘山自然保护区保护对象如下:

(1)森林生态系统及生物多样性。

(2)珍稀物种及水源涵养地。

1.2.3.3 功能区划分

由于种种原因,一直未开展 2.6 万余 hm² 的国家级保护区落界及功能区的区划工作。根据《自治区政府关于六盘山自然保护区划界立标的批复》(宁政函[2011]195 号)文件,六盘山自然保护区总面积 67 863 hm²,分国家级和自治区级自然保护区两部分。

1)国家级自然保护区功能区区划

国家级自然保护区总面积 26 784 hm²,功能区划分如下:

(1)核心区。面积 5 306 hm²,占国家级自然保护区面积的 20%。

(2)缓冲区。位于核心区周围,总面积 9 414 hm²,占国家级自然保护区面积的 35%。

(3)实验区。分为南北两片,总面积 12 064 hm²,占国家级自然保护区面积的 45%。

2)地方级自然保护区落界

1982 年,自治区确定的 67 863 hm² 范围内,除去本次区划的国家级自然保护区 26 784 hm²,剩余的 41 079 hm² 全部落界为自治区级自然保护区实验区,其范围划分为四块。

1.2.3.4 地质地貌

六盘山处于华北地台与祁连山地地槽之间的一个过渡带。中生代晚期,六盘山区曾强烈下沉,形成一个内陆盆地。在燕山运动和喜马拉雅运动的作用下,多次褶皱成山并发生断裂,致使六盘山表现出断裂山的特征。第四纪期间,断裂上升仍在继续。在长期内外营力的作用下,形成强烈切割的中山地貌。

六盘山是一座南北走向的狭长石质山地,山体主要由两列平行的山脉构成。地势大致呈东南高、西北低的趋势。山地海拔多在2 500 m以上,主峰米缸山海拔2 942 m,地表受流水切割十分破碎。

山间溪流众多,河网密布,长流水60余条。东麓属泾河水系、清水河水系;西麓属渭河水系,分别向北、南注入黄河,为宁夏水资源丰富的地区。

1.2.3.5 气候

六盘山处东亚季风区边缘,夏季受东南亚季风的影响,冬季受干冷的蒙古高压控制,形成四季分明、年温差和日温差较大的大陆季风气候特征,冬季寒冷干燥,夏季高温多雨,春季升温和秋季降温快。按全国气候区划属暖温带半湿润区。年日照时数为2 100~2 400 h;年平均温度5.8 ℃,最热月(7月)均温15.7 ℃,最冷月(1月)均温 -0.7 ℃;极端最高温30 ℃,极端最低温 -26 ℃。≥10 ℃积温1 846.6 ℃。无霜期90~130 d。平均降水量676 mm,集中在夏秋季节,6~9月的降水量占全年降水量的72.2%,年平均蒸发量1 426 mm。

由于山脉南北走向,对东南季风有一定的阻挡作用,有利于水分的截留,造成东西两侧的差异。通常东坡的降水比西坡多100 mm以上。

1.2.3.6 土壤

六盘山在自然地理上处于温暖半湿润区向半干旱区过渡的边缘地带,在山地环境和森林植被的作用下,土壤类型带有明显的山地特性,且随着海拔升高和气候条件的差异,土壤类型呈较规律的垂直分布。林区分亚高山草甸土、灰褐土、新积土、红土、潮土和粗骨土6种土壤类型。其中,灰褐土面积最大,占总土壤面积的94.44%;红土和亚高山草甸土分别占总土壤面积的2.34%和1.11%;其他土壤占总土壤面积的比例均在1%以下。

亚高山草甸土分布于二龙河、苏台、峰台、东山坡等海拔2 600 m以上的山地,总面积约743.3 hm²,成土母质为页岩的风化物,土层约140 cm,分布区水分条件较好,全剖面有深厚的腐殖质层,草被生长茂密。

灰褐土是六盘山区面积最大的一类土壤,分布在海拔1 700~2 700 m的二龙河、龙潭、西峡、红峡、千秋架、苏台、东山坡等林场,总面积63 050 hm²。成土土质为沙质泥岩、页岩、灰岩风化的残积物和坡积物,土体一般含有残余石灰,全剖面处于饱和状态,pH值呈中性或偏碱性,自然肥力高。

根据土壤淋溶和腐殖质积累状况以及氧化还原等附加过程的不同,灰褐土还可分为淋溶灰褐土、普通灰褐土、石灰性灰褐土、暗灰褐土、残存灰褐土和亚高山草甸灰褐土6个亚类。所有灰褐土土质较细,土壤层亦薄,易遭冲刷。

1.2.4 泾河源风景名胜区

为了发展旅游,当地已经在龙潭水库周边建成了泾河源风景名胜区,1995年以宁政函[1995]36 号文件《自治区人民政府关于同意泾河源风景名胜区为自治区级风景名胜区的批复》同意成立省级风景名胜区。景区内修建有停车场、旅游服务中心等较完备的旅游服务设施。

泾河源风景名胜区的主要景点有荷花苑、老龙潭、小南山、二龙河、鬼门关、凉殿峡、沙南峡、秋千架、延龄寺石窟、堡子山公园、城关清真寺等。龙潭水库是最主要的旅游景点之一。

本工程的龙潭水库改造工程均在风景名胜区范围内。

1.2.5　六盘山国家森林公园

国家林业局以林场发[2000]74 号文件对小龙门等 13 处国家森林公园进行了批复，其中含六盘山国家森林公园，面积 7 900 hm²。经核实，龙潭水库风景区属于六盘山国家级森林公园的一个景区，森林公园自然概况和风景名胜区相似，不再赘述。

1.2.6　工程区气候特征

工程所在地区属高寒阴湿山区，海拔较高。受六盘山脉的影响，降水量较大，是宁夏雨量最丰沛的地区。据气象统计资料，工程区多年平均气温 5.7 ~ 6.1 ℃，极端最高气温 31.6 ~ 34.6 ℃，极端最低气温 -26.3 ~ -28.1 ℃。多年平均降水量 556.3 ~ 733.5 mm，最大降水量出现在 7、8 月，最小降水量出现在 12 月。工程截引点以上区域内多年平均降水量 710 mm。截引区多年平均水面蒸发量 810 mm，由南向北变化为 800 ~ 820 mm。水面蒸发的年际变化小，一般不超过 20%。

1.2.7　工程区社会经济情况

项目涉及宁夏中南部的固原市原州区、彭阳县、西吉县、泾源县以及中卫市海原县的部分地区。2009 年底总人口 160.29 万人，占宁夏总人口的 25.64%。其中，农业人口 137.80 万人，非农业人口 22.49 万人，平均城市化率 14.0%，平均人口自然增长率 12.23‰；回族人口 85.35 万人，占项目区总人口的 53.3%，占全区回族人口的 38%，是少数民族聚居区和革命老区。

2009 年，项目所在地区实现地区生产总值（GDP）90.73 亿元，其中第一、二、三产业分别实现增加值 25.34 亿元、19.56 亿元、45.83 亿元，人均地区生产总值 5 661 元。完成工业总产值 30.99 亿元。农、林、牧、渔业总产值 45.77 亿元，农作物播种面积 654.26 万亩（1 亩 = 1/15 hm²），其中粮食播种面积 455.88 万亩，粮食总产量达到 6.49 亿 kg。全年实现地方财政收入 6.24 亿元，财政总支出 66.53 亿元，是财政总收入的 11 倍。城镇居民实现人均可支配收入 11 719 元，农民人均纯收入达到 2 903 元。

项目区境内宝中铁路和国道 GD109、GD312、GD309 及省道 S101 纵横交错。银川至武汉高速公路固原段等项目正在建设，固原支线机场已经开始运行，交通运输条件比较优越，区位优势日趋显现。

1.2.8 工程区地质概况

1.2.8.1 地形地貌

工程区西部是六盘山主峰分水岭,呈南北向展布,主峰海拔 2 942 m,一般海拔为 1 500～2 500 m,属低中山地貌区。总体地形为西高东低,南高北低。由于流水的切割侵蚀作用,在六盘山东麓形成多条走向北西—南东的水系,加剧了切割侵蚀,形成了目前的剥蚀丘陵地貌,基岩裸露,风化剧烈,陡坡悬崖较为发育。河谷两岸的岩体大多直接裸露,以弱微风化为主。河谷多呈 U 形,河曲发育,在转弯及开阔处局部发育 I 级阶地,大部分为坡积物。

1.2.8.2 地质构造及地震

工程所在地区位于祁吕贺兰山字形构造体系的脊柱——贺兰褶带的南段,陇西系旋卷构造六盘山旋迥褶带的中部及伊陕盾地的西南部,是贺兰褶带与六盘山旋迥褶带的交织复合部位。区内的主要构造带有贺兰褶带和陇西系六盘山旋回褶带。

根据《中国地震动参数区划图》(GB 18306—2001)划分,该地区地震动反应谱特征周期为 0.40 s,地震动峰值加速度为 0.20g,地震基本烈度为Ⅷ度,属抗震不利地段。

1.2.8.3 水文地质

六盘山区属阴湿山区,气候湿润,雨量充沛,多年平均降水量为 600 mm 左右,固原地区以北降水量为 350～500 mm。地表水系主要有泾河、清水河及其支流等。

工作区的地下水分为第四系含水层中的孔隙水、基岩裂隙潜水及承压水三种类型,均由降水补给,受季节性影响较大。地下水多以下降泉的形式沿河分布,出露于地表,汇入河流。第四系孔隙潜水水力联系较好,地下水位较连续,多为地下水补给河水,基岩裂隙水一般没有稳定连续的地下水位。

泾河流域水质较好,矿化度小于 1 g/L,pH 值为 7.10～8.30,以 HCO_3^-—Ca^{2+}—Mg^{2+} 型、HCO_3^-—SO_4^{2-}—Ca^{2+} 型为主。清水河流域的水质较差,上游水质优于下游水质。

1.2.9 区域污染源概况

1.2.9.1 区域工业污染概况

固原市工业主要以马铃薯淀粉加工业为主,废水主要由淀粉加工企业产生,马铃薯淀粉加工废水 COD 含量为 600～10 000 mg/L,除个别企业外,几乎所有的马铃薯工业废水未经处理或不达标直接排放,废水部分进入农田灌溉系统,其他排入当地地表水系。项目区工业废水处理和达标率低,固原市工业废水排放达标率15%。海原县工业总体水平很底,基础薄弱,近年来,全县积极发展以淀粉、精炼油、地毯、皮革、甘草酸等为主的加工工业以及砖瓦、水泥、钢门钢窗等为主的建材业。中卫市工业废水排放达标率42.28%,较全区工业废水排放达标率69.7%的水平偏低。

生活污染源主要是城镇及农村生活污水,城镇生活污水主要通过收水管网进入污水处理厂处理后排入当地地表水系;农村生活污水大都直接泼洒,渗入地下,除非村庄离河流很近,否则基本不入河。另外,目前项目受水区有75.92万头牲畜,其中大家畜24.77万头,小家畜51.15万只。牲畜养殖方式主要为家庭散养,这也是农村污染的来源之一。

散养牲畜带来的污染主要表现为面源污染,即平时不入河,只有降大雨或暴雨形成地表径流时,才随雨水一同入河。

1.2.9.2 城镇污水处理厂概况

截至 2010 年年底,项目区已建设运行的污水处理厂共有 5 座,具体情况如下:

(1)固原市污水处理厂。位于原州区,于 2006 年建成,设计郊区污水也可纳入,设计处理能力 2 万 t/d,2009 年实际处理能力达到 1.4 万 t/d,处理负荷 70%。固原市污水处理厂处理后的污水排入固原市中水厂,中水厂将水进一步处理后供给六盘山热电厂,因此固原市现行污水处理厂处理后的污水基本上全部回收利用。另据《宁夏回族自治区"十二五"城镇污水处理及再生利用设施建设规划》:"十二五"期间,固原市将投资 5 600 万元,新建规模为 2 万 t/d 的污水处理厂,新增配套管网 13 km,并投资 3 000 万元,配套建设同等规模的中水厂,其中中水厂配套管网投资 1 600 万元,管网长度 20 km,这表明规划年固原市污水处理厂处理后的污水也将全部回收利用。

(2)海原县污水处理厂。设计处理能力 1 万 t/d,自 2009 年 4 月 10 日开工建设,至 2009 年 12 月底完成,2010 年 5 月开始通水,目前已正式运营。处理后的污水排入西河,然后进入清水河。据《宁夏回族自治区"十二五"城镇污水处理及再生利用设施建设规划》:"十二五"期间,海原县将投资 3 600 万元建设 2 座配套中水厂,设计总规模为 2 万 t/d,其中管网总投资 3 000 万元,管网总长度 33 km,这表明规划年海原县污水处理厂处理后的污水将全部回用。

(3)泾源县污水处理厂。设计规模 1 万 t/d,自 2009 年 2 月 19 日开工建设,2010 年 7 月建成,10 月底通水投入试运营,目前已正式运营,实际处理能力达 0.3 万 t/d。现阶段,泾源县污水处理厂处理后的污水排入干沟河,再入香水河,最终流入泾河。据《宁夏回族自治区"十二五"城镇污水处理及再生利用设施建设规划》:"十二五"期间,泾源县将投资 1 800 万元,建设配套中水厂,设计规模为 1 万 t/d,其中管网投资 1 200 万元,管网长度 15 km,这表明规划年泾源县污水处理厂处理后的污水将全部回用。

(4)彭阳县污水处理厂。设计规模 1 万 t/d,自 2009 年 3 月 2 日开工建设,2009 年年底建成,2010 年 6 月初通水试运行,目前已正式运营,实际处理能力达 0.12 万 t/d。现阶段,彭阳县污水处理厂污水经处理后,排入茹河。据《宁夏回族自治区"十二五"城镇污水处理及再生利用设施建设规划》:"十二五"期间,彭阳县将投资 1 800 万元建设配套中水厂,设计规模为 1 万 t/d,其中管网投资 1 500 万元,管网长度 19 km,这表明规划年彭阳县污水处理厂处理后的污水将全部回用。

(5)西吉县污水处理厂。设计规模 1 万 t/d,2009 年 3 月 31 日开工建设,2010 年 8 月 15 日建设完成,11 月通水试运行,目前已正式运营。现阶段,污水经处理后,排入葫芦河上的夏寨水库。据《宁夏回族自治区"十二五"城镇污水处理及再生利用设施建设规划》:"十二五"期间,西吉县将投资 1 800 万元建设配套中水厂,设计规模为 1 万 t/d,其中管网投资 1 500 万元,管网长度 19 km,这表明规划年西吉县污水处理厂处理后的污水将全部回用。

1.2.9.3 区域污染源排放量及入河量

根据 2011 年黄河流域入河排污口调查数据,区域废污水年入河量 538.82 万 t,COD 年入河量 269.80 t,氨氮年入河量 59.44 t,详见表 1-16。

表 1-16　项目区入河排污口废污水及污染物入河情况

所属区域	排污口名称	所属水功能区	废污水入河量（万 t/a）	污染物入河量（t/a） COD	污染物入河量（t/a） 氨氮
固原市	固原市污水处理厂排污口	清水河固原排污控制区	142.70	71.35	11.42
	宁夏王洼煤业有限公司王洼一矿排污口	小河彭阳农业用水区	16.10	10.55	2.81
	宁夏王洼煤业有限公司银洞沟煤矿排污口	小河彭阳农业用水区	3.20	2.82	0.93
	固原市六盘山水泥有限责任公司排污口	颉河三关口过渡区	9.50	1.98	0.40
	六盘山热电厂排污口	清水河固原排污控制区	76.00	10.83	1.43
	宁夏王洼煤业有限公司王洼二矿排污口	小河彭阳农业用水区	15.77	7.95	3.12
小计			263.27	105.48	20.11
泾源县	泾源县污水处理厂排污口	泾河泾源过渡区	27.75	13.90	2.45
西吉县	西吉县污水处理厂排污口	葫芦河西吉农业用水区	137.90	69.50	18.20
彭阳县	彭阳县污水处理厂排污口	茹河彭阳农业用水区	37.80	19.13	6.35
海原县	海原县污水处理厂排污口	西河固原农业用水区	72.10	61.79	12.33
合计			538.82	269.80	59.44

1.3　工程特点及区域环境特点

根据项目建设方案、项目环境影响情况和建设地区环境特点,初步分析本工程具有以下特点:

(1)宁夏固原引水水源工程属于非污染生态项目,工程本身不会对环境带来污染,该项目建成后,可有效解决宁夏中南部干旱带 110 万居民的饮水安全问题,满足城乡居民生活用水需求,具有较大的经济效益、社会效益。

(2)工程引水区位于泾河源头区,主要取水点——龙潭水库库区,部分截引点、隧洞位于六盘山自然保护区,部分工程涉及六盘山国家森林公园、泾河源风景名胜区,堪称黄土高原上的一颗"绿色明珠"。泾河源头区天然植被状况良好,动植物资源丰富,分布有国家重点保护和六盘山特有物种,使之成为干旱带上的"动植物王国",生态环境敏感,其生态环境的保护对泾河流域至关重要。

(3)本项目线长、点多、分散,主要由线状与点状工程组成,线状工程主要有输水隧洞和输水管道,点状工程主要有水库、泵站、截引点等,主体工程引水隧洞及管道线路较长、地质条件复杂,施工难度较大,施工工期相对较长,开挖料及弃土弃渣产生量较大。

(4)本项目是宁夏内部跨流域引水工程,工程运行后将使水源引出区水资源时空分布发生变化,对区域水资源利用及河道生态环境用水量产生一定影响,截引点涉及河流下游均为甘肃省境内,工程引水后会对甘肃省用水户产生一定影响。

2 区域生态环境现状调查与评价

2.1 陆生生态环境现状调查与评价

2.1.1 土地利用及植被覆盖现状

研究以 2009 年 6 月的 Landsat – ETM +（分辨率 15 m × 15 m）影像数据为基础数据，采用遥感与地理信息系统手段，应用 ERDAS 图像处理软件对遥感影像数据进行监督分类，得到研究区的土地利用情况见附图 4。

研究区各土地利用类型及其分布格局特征分析结果见表 2-1。

表 2-1 研究区各土地利用类型及其分布格局特征分析结果

土地利用类型	面积（km²）	面积百分比（%）	斑块数（个）	斑块数百分比（%）
草地（包括高、中、低覆盖度草地）	272.05	16.87	56 660	38.72
林地（包括有林地、灌木林地、疏林地）	568.80	35.27	38 055	26.01
农田	729.60	45.24	51 237	35.02
水体	6.33	0.39	145	0.10
居住及建设用地	36.06	2.23	224	0.15
合计	1 612.84	100.00	146 321	100.00

分析可知，研究区土地利用方式以农田、林地、草地为主，其中农田分布最广，占研究区总面积比例高达 45.24%；其次为林地，包括有林地、灌木林地和疏林地，占研究区总面积的 35.27%；草地在研究区分布也较为广泛，各类覆盖度的草地面积共计 272.05 km²，占研究区总面积约 17%。

2.1.2 景观优势度分析

研究依据景观生态学理论，对研究区进行景观生态学分析，获取对区域生态环境研究有重要价值的景观生态学指标优势度，详见表 2-2。优势度计算的数学表达式如下：

$$密度\ Rd = \frac{拼块\ i\ 的数目}{拼块总数} \times 100\% \qquad (2\text{-}1)$$

$$频率\ Rf = \frac{拼块\ i\ 出现的样方数}{总样方数} \times 100\% \qquad (2\text{-}2)$$

样方是以 1 km × 1 km 为一个样方，对景观全覆盖取样，并用 Merrington Maxine"t – 分布点的百分比表"进行检验。

$$景观比例\ Lp = \frac{拼块\ i\ 的面积}{样地总面积} \times 100\% \qquad (2\text{-}3)$$

$$优势度 Do = \frac{(Rd + Rf)/2 + Lp}{2} \times 100\% \qquad (2\text{-}4)$$

表 2-2 研究区各类拼块优势度值

土地利用类型		Rd(%)	Rf(%)	Lp(%)	Do(%)	
草地	低覆盖度草地	2.33	1.25	0.36	1.08	
	中覆盖度草地	14.66	44.81	4.42	17.08	38.74
	高覆盖度草地	21.73	36.40	12.09	20.58	
林地	有林地	13.33	44.89	18.66	23.89	
	灌木林地	12.22	54.62	16.13	24.78	51.92
	疏林地	0.46	11.59	0.47	3.25	
农田		35.02	85.37	45.24	52.72	
水体		0.10	7.11	0.39	2.00	
居住及建设用地		0.15	1.28	2.24	1.48	

根据表 2-2 以及区域土地利用现状图分析可知,研究区内农田主要分布在河谷区域,两侧山地覆盖着林地和灌木,以天然次生林和密灌丛为主,在河谷区域,农田优势度均最高,占有较大优势,农田为研究区域河谷区域景观的模地。

在研究区的山地区域,林地优势度最大,林地较高的优势度使得该区域降水量比较充沛,生物多样性十分丰富。总体来看,研究区整体生态环境质量尚好,其中山区的生态环境质量非常好。

2.1.3 野生植物资源

研究区维管植物有 96 科 361 属 896 种。其中,蕨类植物 9 科 16 属 25 种(包括 1 变种);裸子植物 3 科 3 属 4 种;被子植物 84 科 342 属 867 种(包括 84 变种、8 亚种和 6 变型),主要种类见附录 1。植物区系组成中被子植物占绝对优势。

研究区主要造林树种及经济植物 65 种,重要药用植物 39 种,花卉观赏植物 17 种。

查阅资料和现场走访表明,研究区有 1 种国家 Ⅱ 级重点保护植物——水曲柳(*Fraxinus mandshurica Rupr.*),《中国植物红皮书》渐危种——桃儿七(*Sinopodophyllum extnedium (Wall.) Ying*),三个六盘山特有植物——六盘山棘豆(*Oxytropis ningxiaensis C. W. Chang*)、四花早熟禾(*Poa tetrantha Keng*)、紫穗鹅冠草(*Roegneria pur purascens Keng*)。

在工程占地区,现场调查没有发现珍稀濒危野生植物物种。

2.1.4 植被类型及生物量调查

2.1.4.1 调查方法

本研究采用调查和收集相关资料、遥感影像解译、实地样方调查相结合的方法。

1)植被类型及其分布调查

采用查阅资料、遥感和实地调查的方法。首先,根据资料描述的植被种类及其分布,到实地核查;其次,结合遥感影像反映的图斑及灰度特征,解译出研究区植被图。

2）植物资源调查

在大量资料数据的支持下，进行现场勘察，采用统计和样地调查收割法，在项目建设区和影响区、敏感生态保护目标分布区域内设置野外观测断面，并考虑植被类型的代表性，分别采用20 m×20 m、5 m×5 m和1 m×1 m的面积设置乔木、灌木、草本的样方进行实测，调查每种植被类型的种类组成、结构及生物量，同时采集观测样方的地理坐标和高程信息。共做实测和记录样方22个。根据样方记录，结合地方资料进行分析，由此对该地区的植物及植被资源状况获得初步认识。

3）植被生物量的调查

选择典型植被类型，分别做样方，草本和灌木收割称重，并根据资料核算出地下部分的重量，两者相加即得其鲜重。乔木则现场测量树高和胸径，然后计算其生物量。

4）植被盖度的调查

在调查人员可以到达的地方，采用目测法；无法到达的地方，通过遥感影像进行估测。

2.1.4.2　样方调查时间

于2010年8月至9月初对研究区域进行了全面踏勘和野外调查。

2.1.4.3　调查范围

调查范围北至中庄水库，南至策底河截引点下游第一条支流汇入点，西至六盘山保护区缓冲区西侧边界，东至崆峒水库。重点调查区域如下：

（1）永久占地区。中庄水库淹没区、截引点建设区。

（2）临时占地区。管线通过区、料场、弃渣场、预制件场、施工生产生活区。

（3）六盘山自然保护区。龙潭水库周边，以及工程涉及自然保护区区域。

调查内容包括地质地貌、高程、土壤、植被类型、植被生物量、植物资源、动物资源、水土流失情况、截引点下游村庄的饮用水源等信息。

2.1.4.4　样方布设情况

2010年8月，研究人员对现场进行实地调查。以根据植被类型、垂直分布带，结合工程布置为原则，设置调查样点，在工程区周边选择典型植被共计做样方22个，典型样方布点见附图5。

草地样方：规格为1 m×1 m，统计该样方中植株的种类、密度、盖度、平均高度，收割植株地上部分并称鲜重。

灌木样方：规格为5 m×5 m，统计该样方中植株的种类、密度、盖度、平均高度，收割植株地上部分并称鲜重。

乔木样方：规格为10 m×10 m，测量胸径，用测高仪测量树高，利用模式计算出生物量，同时记录乔木种类、株数、盖度。

农田：不方便采用收割法，采用经验值和模式计算法获得生物量。

2.1.4.5　研究区植被类型

研究区植被类型见附图6。

1）温性针叶林

温性针叶林是指主要分布于温暖带平原、丘陵及低山的针叶林，还包括亚热带和热带中山的针叶林。生境要求夏季温暖湿润，冬季寒冷，四季分明的气候条件。本区的温性针叶林包括华山松林、油松林和樟子松林。

樟子松(*Pinus sylvestnis var. mongolica Litv.*)又名海拉尔松(日)、蒙古赤松(日)、西伯利亚松、黑河赤松,为松科大乔木,是我国三北地区主要优良造林树种之一。东北和西北等地区引进栽培的樟子松,长势良好。

樟子松是阳性树种,树冠稀疏,针叶多集中在树的表面,在林内缺少侧方光照时,树干天然整枝快,孤立或侧方光照充足时,侧枝及针叶繁茂,幼树在树冠下生长不良。樟子松适应性强。在养分贫瘠的风沙土及土层很薄的山地石砾土上均能生长良好。

2)夏绿阔叶林

夏绿阔叶林林内生境较温湿,林下土壤为山地灰褐土,分布于阴坡。组成本区夏绿阔叶林的乔木树种以栎属、杨属、桦属、椴属的树种为主。林中乔木都是冬季落叶的阳性阔叶树种,林下的灌木也多是冬季落叶的种类,草本植物到了冬季地上部分枯死或以种子越冬,群落季相十分明显。

区域夏绿阔叶林,由于遭受人为砍伐和破坏,目前多为中幼龄的次生林,有的甚至被次生灌丛或次生草甸类型所代替。所以,各类型之间多呈小块状镶嵌分布。本植被型分为辽东栎林、山杨林、白桦林、红桦林、糙皮桦林等七个群系。

3)常绿竹灌丛

常绿竹灌丛指由箭竹形成的群落,在结构、种类组成、生态外貌和地理分布等方面,均较特殊,所以把这一灌丛划分在灌丛植被型组中,并作为一个独立的植被型加以概述。它是森林破坏后的次生灌丛,包括一个群系。

4)落叶阔叶灌丛

落叶阔叶灌丛指以冬季落叶的阔叶灌木所组成的植物群落。它广泛分布于我国各地的高原、山地、丘陵、河谷和平原。本区的落叶阔叶灌丛属于温带候下发育的山地灌丛和河谷灌丛,且多属森林被严重破坏后形成的次生类型,但也有较稳定的原生类型。这些灌丛如果继续遭到破坏,将进一步被次生草甸所代替。

5)草原

草原是由低温、旱生、多年生草本植物(有时为旱生小半灌木)组成的植物群落,为温带大陆性气候下一种地带性植被类型。本区处于草原区南缘的森林草原地带,属于草甸草原,分布在海拔1 700~2 500 m的阳坡与半阳坡,并与阴坡的落叶阔叶林等组成山地森林草原带。

6)草甸

本区草甸结构简单,仅草本一层,有时有亚层的分化。主要优势层片有根茎禾草层片、根茎苔草层片和多年生杂草层片,从而组成不同类型的群落。而且,前二者如遭破坏,常常被杂草草甸所代替。

种类组成颇多,植物生长十分旺盛,盖度常达80%~90%,外貌华丽,草群中常混生大量林下草本植物。

7)荒漠化草地

荒漠化草地在本区仅见于固原县须弥山,海拔1 700 m左右的阳坡、半阳坡和半阴坡。所处生境地表土层薄,甚至岩石裸露。组成群落的种类数量很少,有戈壁针茅、无芒隐子草等。

2.1.4.6 植被样方及生物量调查结果

研究区植被样方及生物量调查情况详见表2-3。

表 2-3 研究区植被样方及生物量调查情况

样方序号	位置	经纬度	是否位于自然保护区	植被类型	规格 (m×m)	植物种类	平均高度	株数 (株)	盖度 (%)	乔木胸径 (cm)	平均生物量 (kg/m²)
1	中庄水库淹没区	N:35°55'53" E:106°15'21"	否	草本	1×1	冷蒿、百里香、羊草、苔草、短柄草、紫苑	约15 cm	多数	90		1.2
2	三十里铺隧洞口附近	N:35°53'41" E:106°16'49"	否	草本	1×1	中国香青、百里香、羊草、苔草、细叶亚菊	45 cm	多数	80		1.8
3	二号隧道入口附近	N:35°49'8" E:106°17'52"	否	草本	1×1	苔草、羊草、中国马先蒿、蒙古风毛菊	50 cm	多数	199		2.4
4	预制件场附近	N:35°48'18" E:106°17'12"	否	乔木 草本	20×20	杨树、苔草、午鹤草、淫羊藿	乔木平均11 m; 草本平均15 cm	杨树13株; 草本多数	60	平均12	29
5	隧道支洞附近(阳坡)	N:35°43'2" E:106°17'4"	否	草本	1×1	白羊草、百里香、野菊、铁杆蒿、茭蒿、多圣叶委陵菜	10 cm	多数	40		0.8
6	隧道支洞附近(阴坡)	N:35°43'3" E:106°17'6"	否	草本	1×1	苔草、百里香、东方草莓、苞芽报春花、紫穗鹅掌草、紫苞风毛菊、珠芽蓼、乳白青香	30 cm	多数	100		1.6
7	隧道支洞附近(阴坡)	N:35°49'8" E:106°17'52"	是	乔木 草本	20×20	山杏、柳树、辽东栎、苔草、百里香、茅蒿、珠芽蓼、乳白青香	乔木平均14 m; 草本平均21 cm	乔木31株; 草本多数	80	平均16	33
8	卧羊川截引点附近	N:35°36'32" E:106°15'30"	是	乔木 草本	20×20	油松、云杉、虎榛子、小叶忍冬、白羊草	乔木平均13 m; 草本平均15 cm	乔木32株; 草本多数	95	平均18	36

续表 2-3

样方序号	位置	经纬度	是否位于自然保护区	植被类型	规格(m×m)	植物种类	平均高度	株数(株)	盖度(%)	乔木胸径(cm)	平均生物量(kg/m²)
9	清水沟截引点附近	N:35°35′56″ E:106°14′21″	是	乔木 草本	20×20	云杉、辽东栎、落叶松、栓翅卫矛	11 m	乔木15株 草本多数	99	平均14	24
10	截引点附近	N:35°35′58″ E:106°14′32″	否	乔木 草本	20×20	华山松、虎榛子、沙棘	13 m	乔木16株 草本多数	95	平均11	23
11	白家沟截引点附近	N:35°37′52″ E:106°17′14″	是	乔木 草本	20×20	华山松、山杏、落叶松	12 m	乔木11株 草本多数	97	平均15	27
12	暖水河水库附近	N:35°34′46″ E:106°20′54″	是	乔木 草本	20×20	华山松纯林	21 m	乔木26株 草本多数	91	平均17	31
13	清水沟截引点附近	N:35°38′36″ E:106°15′39″	是	乔木 草本	20×20	落叶松、沙棘、灰栒子、峨眉蔷薇	25 m	乔木21株 草本多数	94	平均12	26
14	截引点附近	N:35°32′7″ E:106°17′13″	否	灌木 草本	5×5	沙棘、铁杆蒿、绣线菊、苜蓿	1.5 m	多数	78		7.1
15	截引点附近	N:35°27′42″ E:106°18′17″	否	草本	1×1	长芒草、铁杆蒿、苜蓿	15 cm	多数	78		1.6
16	策底河和支流汇合处附近	N:35°21′8″ E:106°27′34″	否	草本	1×1	苔草、羊草、中国马先蒿、蒙古风毛菊	25 cm	多数	99		2.8
17	策底河和支流汇合处附近	N:35°55′47″ E:106°15′25″	否	乔木 草本	20×20	刺槐、艾蒿、柳叶亚菊、忍冬	25 cm	多数	99	平均5	25

续表 2-3

样方序号	位置	经纬度	是否位于自然保护区	植被类型	规格 (m × m)	植物种类	平均高度	株数 (株)	盖度 (%)	乔木胸径 (cm)	平均生物量 (kg/m²)
18	龙潭林场	N:35°23′20″ E:106°20′37″	是	乔木 草本	20×20	华山松、灰榆子、铁杆蒿	16 m	乔木16株; 草本多数	70	平均23	24
19	龙潭林场	N:35°23′17″ E:106°20′36″	是	乔木 灌木	20×20	油松、云杉、铁杆蒿、高山绣线菊、长芒草、榛	16 m	乔木14株; 草本多数	78	平均22	21
20	龙潭水库外围	N:35°23′45″ E:106°20′17″	是	灌木 草本	5×5	灰榆子、羊草、铁杆蒿、山杏、蒲公英、艾蒿、柳叶亚菊、忍冬	14 cm	多数	87		7.1
21	崆峒水库附近	N:35°31′47″ E:106°31′16″	否	灌木 草本	5×5	虎榛子、铁杆蒿、山杏、蒲公英、地榆、火绒草、柳叶亚菊、忍冬	30 cm	多数	90		7.8
22	西峡水库附近	N:35°29′20″ E:106°16′1″	是	草本	1×1	长芒草、车前、歪头菜、细叶亚菊	24 cm	多数	95		1.9

2.1.4.7 工程占地区植被

本工程占地区包括管线铺设区、渣场、预制件场、取土场、扩建水库淹没区、施工营地等,下面分别对这些区域的植被类型进行分析,详见表2-4。

表2-4 工程占地区植被

占地区	名称	桩号或经纬度	植被类型	植物种类
管道铺设区	中庄水库以南段	K0＋00 ～ K2＋00	草地及灌丛	小叶柳、秦岭小檗、甘肃山楂、针刺悬钩子、水枸子、紫羊茅、贝加尔唐松草、野棉花、紫苑、细叶亚菊等,植被覆盖度为60％～70％
		K2＋000 ～ K15＋100	农田	玉米、土豆等
		K15＋100 ～ K21＋800	农田	玉米、土豆等
		K21＋800 ～ K24＋900	农田	玉米、土豆等
		K24＋900 ～ K27＋000	草地、疏林地及部分农田	东方草莓、短柄草、地榆、云杉、玉米、土豆等,植被覆盖度为75％
		K27＋000 ～ K33＋850	草地及疏林地	铁杆蒿、东方草莓、短柄草、地榆、火绒草、华山松、红桦,植被覆盖度为60％～70％
		K33＋850 ～ K35＋000	栽培植被	玉米、向日葵等
		K35＋000 ～ K37＋150	草地及疏林地	铁杆蒿、东方草莓、短柄草、地榆、火绒草、华山松、红桦,植被覆盖度为60％～70％
		K37＋150 ～ K39＋700	栽培植被	玉米、向日葵等
		K39＋700 ～ K50＋600	草地及疏林地	铁杆蒿、东方草莓、短柄草、地榆、火绒草、华山松、红桦,植被覆盖度为75％
		K50＋600 ～ K54＋000	栽培植被为主	玉米、向日葵等
		K54＋000 ～ K62＋000	草地及疏林地	甘青针茅、大针茅、瓣蕊唐松草、狼梅、阿拉善马先蒿、甘青葱、宿根亚麻、多茎委陵菜、华山松、红桦、油松,植被覆盖度为40％～60％
		K62＋000 ～ K69＋693	栽培植被	玉米、向日葵等
	中庄水库以北段	K0＋00 ～ K4＋709	栽培植被	玉米、向日葵等

占地区	名称	桩号或经纬度	植被类型	植物种类
渣场	龙潭水库渣场	N:35°23′50.26″ E:106°21′18.73″	草地	艾蒿、短柄草、茭蒿,植被覆盖度为90%
	北山隧洞入口渣场	N:35°29′47″ E:106°20′19″	栽培植被	玉米、向日葵等
	开城2#隧洞出口渣场	N:35°53′41.0″ E:106°16′49.81″	栽培植被	玉米、向日葵等
	开城1#隧洞进口渣场	N:35°49′18.7″ E:106°17′51″	草地及疏林地	珠芽蓼、苔草、禾叶凤毛菊、辽东栎,植被覆盖为85%
	大湾隧洞出口渣场	N:35°47′57″ E:106°17′16.6″	草地	紫羊茅、贝加尔唐松草、野棉花、紫苑、细叶亚菊,植被覆盖度为87%
	大湾隧洞1#支洞渣场	N:35°43′2″ E:106°17′4.4″	草地	二裂委陵菜、棘豆、木紫苑、山葱,植被覆盖度为70%
	大湾隧洞入口渣场	N:35°42′4.5″ E:106°17′34″	草地	铁杆蒿、贝加尔唐松、歪头菜、火绒草、地榆,植被覆盖度为90%
	卧羊川隧洞出口渣场	N:35°40′55.3″ E:106°17′12″	栽培植被	玉米、向日葵等
	卧羊川隧洞入口渣场	N:35°39′38″ E:106°17′55″	栽培植被	玉米、向日葵等
	刘家山隧洞出口渣场	N:35°35′29″ E:106°18′22″	栽培植被	玉米、向日葵等
	中庄隧洞出口渣场	N:35°33′30″ E:106°19′32″	栽培植被	玉米、向日葵等
	中庄1#支洞口渣场	N:35°31′53″ E:106°20′23″	草地	多茎委陵菜、异叶青兰、蒔萝蒿、中国委陵菜、车前,植被覆盖度为78%
	北山隧洞出口渣场	N:35°30′48″ E:106°20′40″	草地及疏林地	坡耕地、零星杨树,植被覆盖度为70%
预制件场	1号预制件场	N:35°31′18″ E:106°20′18″	草地及疏林地	珠芽蓼、乳白青香、高山唐松草、辽东栎,植被覆盖度为60%
	2号预制件场	N:35°36′10.7″ E:106°16′50″	栽培植被	玉米、向日葵等
	3号预制件场	N:35°45′4.05″ E:106°15′42.7″	裸地	裸地
	4号预制件场	N:35°48′20″ E:106°17′2.7″	栽培植被	玉米、向日葵等
	5号预制件场	N:35°52′58.76″ E:106°16′15.42″	草地	多茎委陵菜、异叶青兰、蒔萝蒿、中国委陵菜、车前,植被覆盖度为80%

占地区	名称	桩号或经纬度	植被类型	植物种类
取土场	中庄水库建设工程取土场	N:35°55′43.57″ E:106°15′31.56″	栽培植被	玉米、向日葵等
扩建水库淹没区	中庄水库建设工程取土场	N:35°55′43.57″ E:106°15′31.56″	栽培植被	玉米、向日葵等
施工营地	多个施工营地		草地或坡耕地	植被覆盖度为 40% ~80%

2.1.5 生态完整性调查与评价

为分析研究区生态完整性的变化过程,研究首先通过模型计算出研究区本底状况下自然系统的净第一性生产力分析其稳定状况,然后采用类比法,得到研究区背景的净第一性生产力(即现状的生产力),通过对比研究,分析研究区生态完整性的变化情况。

2.1.5.1 自然系统本底生产力

研究采用了周广胜、张新时(1995)根据水热平衡联系方程及生物生理生态特征建立的模型,该模型以生物温度和降水量两个重要的生态因子为参数,测算自然植被的净第一性生产力,计算结果列于表 2-5。

表 2-5 研究区自然植被本底的净第一性生产力测算结果

降水量(mm)	生物温度(℃)	净第一性生产力(t/(hm²·a))
500	1 600	3.73
	1 700	3.83
	1 800	3.93
	1 900	4.03
600	1 600	4.16
	1 700	4.26
	1 800	4.36
	1 900	4.46
700	1 600	4.60
	1 700	4.70
	1 800	4.79
	1 900	4.89

降水量(mm)	生物温度(℃)	净第一性生产力(t/(hm²·a))
	1 600	5.04
800	1 700	5.13
	1 800	5.23
	1 900	5.33

从表 2-5 中可以看出,研究区自然系统本底的自然植被净生产力为 3.73 ~ 5.33 t/(hm²·a)。奥德姆(Odum,1959)将地球上生态系统按研究生产力由高到低,划分为 4 个等级,该区域自然系统本底的生产力水平主要处于较低等级,即相当于温带草原及疏林灌丛之间的生产力水平。

2.1.5.2 背景生物量和生产力值调查与评价

根据上述调查方法,获得了 5 种植被类型的现状生物量,类比获得研究区域不同植被类型的净第一性生产力,详见表 2-6。

表 2-6 研究区植被生产力和总生物量

类型	面积 (km²)	净第一性生产力 (t/(hm²·a))	平均生物量 (t/km²)	研究范围内总生物量 (万 t)
林地(包括有林地、灌木林地、疏林地)	568.8	6.51	17 000	
草地	272.05	5.20	1 000	
水体	6.33	4.00	450	1 074.86
耕地	729.6	6.14	1 100	
居住及建设用地(绿化用地)	36.06	0.70	42	
平均		5.98	6 664.38	

由表 2-6 可知,研究区平均生物量为 6 664.38 t/km²,植被总生物量为 1 074.86 万 t,净第一性生产力为 5.98 t/(hm²·a),与本底的净第一性生产力 3.73 ~ 5.33 t/(hm²·a)相比,略有上升,但仍属较低等级。生产力略有上升的主要原因是,部分草地被开垦为农田,而农田的生产力略高于草地,因此整体生产力略有上升。但由于农田需要大量的人工辅助措施,其生态功能低于草地,因此研究区整体生态环境质量是下降的。

2.1.5.3 自然系统现状稳定状况

自然系统本底的稳定状况:

(1)恢复稳定性。

由于研究区特定的生态地理区位,历史上的地带性植被是温带落叶阔叶林和温带草原,以杨柳科、胡桃科、榆科、桑科、悬铃木科、蔷薇科等为优势种群。研究区此类种群的生产能力为 8.36~11.08 t/(hm²·a),该生产力水平处于北方针叶林(8.01 t/(hm²·a))和温带阔叶林(12.02 t/(hm²·a))之间,而这两个生态系统均具有较强的恢复稳定性,因此总体来看,本研究区内自然系统的本底的恢复稳定性较强。研究区内植被类型分布极不均匀,林地和草地占总面积的 52.13%,集中分布于六盘山自然保护区内,耕地集中分布于研究区北部和中部,因此研究区的恢复稳定性不均匀,在六盘山保护区较强,而在其他区域受到人类的长期干扰,恢复稳定性较弱。

(2)阻抗稳定性。

研究区由于生境多样,有低山、丘陵、河流阶地和滩地,生境的多样性为生物组分的异质化构成提供了可能,因此可以推断:在久远的历史年代中,这里以落叶阔叶林、针叶林和温带草原为主,混交形成了异质化程度比较高的地带性植被,可以认定该系统本底的阻抗稳定性较强。

研究区生物组分的异质性也很不均匀,在保护区内,异质化程度高,其余地区异质化程度低,因此阻抗稳定性也是不均匀的。

2.1.5.4 生态完整性研究结论

通过上述分析可知,从总体上看,研究区目前生态完整性的维护状况良好,但在不同地段存在一定差异。由于退耕还林的实施,加之人们环保意识的增强,目前研究区生态环境有日益转好的趋势。

2.1.6 陆生动物

依据《全国陆生野生动物资源调查与监测技术规程(修订版)》的有关规定,采用样带法进行野外调查,观察动物实体及其活动痕迹,如取食迹、足迹、卧迹、粪便、毛发等。另外还进行了访谈调查,查阅了已有资料和文献,获得了本区野生动物资源情况。

2.1.6.1 野生动物数量及区系特征

研究区有 207 种野生动物,隶属 24 目 60 科,主要野生动物见附录 2。研究区有兽类 39 种,占研究区野生动物总数的 18.8%,其中啮齿目种类最多,共计 3 科 21 种,占研究区兽类总数的 53.9%;鸟类 159 种,占研究区野生动物总数的 76.8%,其中雀形目种类最多,共计 17 科 108 种,占研究区鸟类总数的 68.35%;爬行类 4 种,分别为秦岭滑蜥、丽斑麻蜥、双斑锦蛇、蝮蛇,占研究区野生动物总数的 1.9%;两栖类 5 种,分别为秦六盘齿突蟾、岷山大蟾蜍、花背蟾蜍、中国林蛙、青蛙,占研究区野生动物总数的 2.4%。

2.1.6.2 生态类群及垂直分布特征

六盘山地区的动物群属温带森林草原农田动物群,其特点是适应次生落叶阔叶林环境的种类占优势。具体可分为次生落叶阔叶林动物群、灌丛草地动物群、农田居民点动物群和河谷动物群四类。

2.1.6.3 工程区附近动物资源分布特征

根据工程沿线的栖息地特征,沿线的动物资源分布情况见表 2-7。

从表 2-7 可以看出,尽管整个研究区野生动物种类较多,但在本工程区,植被以农田、草地、疏林地为主,人类干扰强烈,因此野生动物较少,没有国家重点保护的兽类栖息,但可能有受保护的鸟类来此觅食。

表 2-7 工程沿线的动物资源种类

占地区	名称	桩号	植被类型	动物种类
管道铺设区	中庄水库以南段	K0+00～K2+00	草地及灌丛	以农田为主的动物类型和以草地和疏林地为主的动物类型
		K2+000～K15+100	农田	该区域以农田为主,经查阅资料及现场走访,这里的野生动物多为伴人的种类,以庄稼或农田害虫为食。兽类除小型啮齿类动物较多外,其余种类比较少见。受访村民均表示未在该区域发现国家重点保护的兽类豹和林麝。在工程占地区,兽类包括猪獾、黄鼬、艾虎、蝙蝠、大仓鼠、灰仓鼠、长尾仓鼠、黄鼠、小家鼠、褐家鼠、大家鼠等,近些年也经常有野猪出没;鸟类有凤头百灵、细嘴沙百灵、短趾沙百灵、喜鹊、乌鸦、大山雀、树麻雀、绿嘴啄木鸟、金翅雀、家燕、金腰燕、楼燕、珠颈斑鸠、山斑鸠、黄鹂、戴胜等;两栖类有大蟾蜍、花背蟾蜍;爬行类极为少见
		K15+100～K21+800	农田	
		K21+800～K24+900	农田	
		K24+900～K27+000	草地、疏林地及部分农田	该段区域多为草地和疏林地,部分区域为坡耕地。由于这里人口相对稀少,野生动物和上面的农业区相比略多。经查阅资料及现场走访可知,该区域野生动物以灌丛和草地动物群为主,由于林地斑块破碎,连通度不高,单个斑块面积小,林地动物群种类很少,而且基本没有大型哺乳动物。调查中也未发现大型兽类的足迹。受访村民均表示未在该区域发现国家重点保护的兽类豹和林麝。较多的兽类有中华鼢鼠、鼹鼠、花鼠、黄鼠、五趾跳鼠、三趾跳鼠、子午沙鼠、长爪沙鼠、黑线姬鼠、长尾仓鼠、达乌尔鼠兔、灰仓鼠、蒙古兔、獾;鸟类有大石鸡、山石鸡、斑翅山鹑、百灵、红嘴山鸦、山噪鹛、橙翅噪鹛、银喉长尾山雀、灰眉岩鹀、朱雀等;两栖爬行类有花背蟾蜍、蝮蛇、丽斑麻蜥、秦岭滑蜥
		K27+000～K33+850	草地及疏林地	
		K33+850～K35+000	农田	
		K35+000～K37+150	草地及疏林地	
		K37+150～K39+700	农田	
		K39+700～K50+600	草地及疏林地	
		K50+600～K54+000	农田为主	
		K54+000～K62+000	草地及疏林地	
		K62+000～K69+693	农田	以农田为主的动物类型和以草地和疏林地为主的动物类型
	中庄水库以北段	K0+00～K4+709	农田	

2.2　水生生态环境现状调查与评价

2.2.1　调查范围及内容

研究组于 2010 年 7 月初至 8 月中旬对建设项目涉及的水域进行了水生生物实地调查。

调查范围北至中庄水库,南至策底河下游甘肃境内,西至龙潭水库大坝以上旅游区内,东至甘肃省崆峒水库大坝。

调查重点是截引工程所在的泾河干流及支沟、暖水河干流及支沟、颉河干流及支沟;水库工程包括中庄水库、龙潭水库和主要受影响的崆峒水库。

其中,鱼类资源调查采取实地调查、走访调查和资料查询方法,调查范围从断面延伸到河道,重点以河流、支沟及水库为主。具体范围如下:泾河干流龙潭水库至崆峒水库100 km 左右;泾河干流、支沟截引点上下游河段 1 ~ 10 km;策底河截引点上游 5 km 至下游 20 km 左右;暖水河截引点上游至东山坡引水工程,下游至暖水河水库坝址以下河段10 km 左右;颉河截引点上游至东山坡引水工程截引点,下游 10 km 左右。

工程受水区所在河流为清水河流域,该流域鱼类资源为已有鱼类资源资料。

调查内容包括水环境基本情况、水生植被、水生生物以及鱼类资源等。

2.2.2　调查方法

水环境基本情况、水生生物现状采用实地采样监测调查;鱼类资源调查采取实地捕捞、走访了解和查阅资料相结合方法进行;产卵场、索饵场和越冬场调查采用实地捕捞仔鱼、环境分析相结合,以及走访了解和查询历史资料法进行。

2.2.3　水域环境基本状况结果

本次在调查区域设计调查断面 15 个,在每个调查断面进行实地监测。调查断面海拔1 501 ~ 2 024 m,水温 9 ~ 29 ℃,河流流速 0.021 ~ 0.663 m/s,河流底质以砾石为主。具体断面设置和监测结果见表 2-8。

2.2.4　湿生植物

工程涉及的水陆交错地带有湿生植物存在,区域面积较小,受干扰程度大。在 11 个调查河流、支沟和水库,共计调查 33 个 1 m×1 m 定量样方,同时进行种类鉴定。各个调查区域湿生植物的生物量(湿重)及比例见表 2-9。泾河二级支沟(红家峡)植物覆盖度较高,湿生植物的生物量最高 2 430 g/m²,颉河一级支流(清水沟)最低 131 g/m²。

对湿生植物的采集和鉴定表明,该区域湿生植物共有 42 种,其中蕨类植物 1 种,种子植物 41 种,隶属于 18 科 37 属,全部为被子植物。双子叶植物 15 科 30 属 34 种,占绝对优势,单子叶植物 3 科 7 属 8 种。按科所含种类来说,以双子叶植物的菊科和单子叶植物的禾本科为主,前者含 8 属 9 种,占总种数的 21.43%(不包括蕨类植物),后者含 5 属 5 种,

表 2-8 水生生态调查断面基本情况

序号	所在河流、水库	工程位置	断面地点	编号	位置	海拔（m）	水温（℃）	河宽（m）	水深（m）	流速（m/s）	底质
1	龙潭水库	库中	龙潭水库	(1)	N:35°23' E:106°20'	1 927	15.6				砾石
2	泾河二级支沟	截引点上游	红家峡源头	(2)	N:35°27' E:106°17'	2 006	9.0	1.4	0.085	0.153	砾石
		截引点附近	红家峡	(3)	N:35°27' E:106°17'	1 986	16.0	1.46	0.13	0.132	砾石
		截引点下游	兴盛乡	(4)	N:35°27' E:106°19'	1 869	17.8	1.5	0.098	0.53	砾石
3	策底河干流	截引点上游	八家人	(5)	N:35°20' E:106°23'	1 832	26.8	0.7	0.1	0.312	砾石黄泥
		截引点附近	石咀子	(6)	N:35°20' E:106°26'	1 701	19.8	1.5	0.12	0.187	砾石黄泥
		截引点下游	河西	(7)	N:35°19' E:106°32'	1 595	29.0	1.9	0.14	0.282	黄泥
4	暖水河水库	暖水河水库库区	库区	(8)	N:35°32' E:106°18'	1 883	15.0	0.7	0.11	0.312	砾石
5	暖水河一级支沟	截引点上游	顿家川	(9)	N:35°34' E:106°16'	2 024	12.0	0.6	0.12	0.365	砾石
		截引点附近	白家沟	(10)	N:35°33' E:106°20'	1 824	16.0	2.4	0.21	0.380	砾石
6	颉河一级支流	截引点以下	太阳洼	(11)	N:35°38' E:106°19'	1 832	13.0	1.5	0.15	0.445	砾石
		截引点附近	卧羊川	(12)	N:35°39' E:106°18'	1 825	11.0	0.8	0.12	0.255	砾石
7	颉河干流	截引点下游	蒿店	(13)	N:35°40' E:106°24'	1 675	12.0	3.3	0.15	0.392	砾石
8	崆峒水库	库尾	崆峒水库上游	(14)	N:35°32' E:106°31'	1 504	23.5				砾石黄泥
		库中	崆峒水库	(15)	N:35°32' E:106°31'	1 501	23.0				砾石黄泥

占总种数的 11.90%,其次为蔷薇科(4 属 4 种,占总种数的 9.52%)和蓼科(3 属 4 种,占总种数的 9.52%)。在调查区域内不同河流、支沟和水库,西伯利亚橐吾(菊科)、车前(车前科)、委陵菜(蔷薇科)和齿果酸模(蓼科)的出现频率较高,可认为是这一区域的普生种。

表 2-9　湿生植物数量及比例

调查区域	生物量(湿重)(g/m²)	比例(%)
泾河干流(龙潭水库)	1 570	18.76
泾河二级支沟(红家峡)	2 430	29.03
策底河干流(石咀子)	1 783	21.30
暖水河干流(暖水河)	375	4.48
暖水河一级支沟(白家沟)	604	7.21
颉河一级支流(清水沟)	131	1.56
颉河干流(卧羊川)	1 248	14.91
对比水库(崆峒水库)	230	2.75
总计	8 371	100

2.2.5　浮游植物

2.2.5.1　浮游植物种类组成

调查范围内河流、支沟及水库采集到的浮游植物标本经鉴定,共计检出 6 门 112 种(属)。各门种类组成及比例见图 2-1,主要种类名录见附录 3。从各门浮游植物种类组成及比例看,硅藻门 70 种(属),占 63.06%,为调查区域水体浮游植物的优势种群,所占比例最高。其次是绿藻门 27 种(属),占 24.32%。其他门类比例较少,依次为裸藻门 7 种(属),占 6.31%;蓝藻门 4 种(属),占 3.60%,甲藻门 2 种(属),占 1.80%,黄藻门 2 属 2 种,占 1.80%。

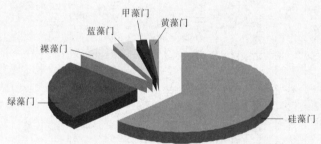

图 2-1　调查区域浮游植物种群构成及比例

从浮游植物种类调查结果可以看出,硅藻门占绝对优势,绿藻门其次;崆峒水库的优势种是绿藻门的小球藻,其余是硅藻门的种类为优势种。

2.2.5.2　浮游植物数量及生物量

浮游植物定量分析表明,调查区域浮游植物密度为 $2.0 \times 10^4 \sim 314.35 \times 10^4$ cells/L,

平均密度为 35.51×10^4 cells/L,生物量为 $0.047 \sim 3.261$ mg/L,平均生物量为 0.522 mg/L;从浮游植物密度和生物量看,调查区域浮游植物以硅藻门占绝对优势,其平均密度为 3.923×10^4 cells/L,占总生物平均密度的 76.62%,平均生物量为 0.213 mg/L,占总平均生物量的 95.95%;其他门类所占比例较少。

2.2.5.3 浮游植物多样性指数(H')和均匀度(J)

多样性指数可作为水质监测的参数,一般当多样性指数(H')值为 $0 \sim 1$ 时,水体为重污染;当多样性指数为 $1 \sim 3$ 时,水体为中污染;当多样性指数大于 3 时,水体为轻度污染或无污染。经计算,除工程下游的崆峒水库外,建设工程所在河流、支沟和水库的浮游植物多样性指数为 $0.29 \sim 4.08$,均匀度为 $0.07 \sim 0.95$,具体见表 2-10。

表 2-10 浮游植物多样性指数和均匀度

河流、水库	多样性指数(H')	均匀度(J)
龙潭水库	3.17	0.79
泾河二级支沟(红家峡)	3.52	0.95
策底河干流(石咀子)	1.90	0.68
暖水河水库	3.42	0.89
暖水河一级支沟(白家沟)	2.82	0.89
颉河一级支流(清水沟)	3.01	0.74
颉河干流(卧羊川)	4.08	0.94
崆峒水库	0.29	0.07

2.2.5.4 浮游植物现状综合分析

浮游植物的群落结构除受水温、光照等气候因子的影响外,还受水量、面源污染等的影响。总体上看,在调查范围内,除崆峒水库外,其余各河流、支沟和水库浮游植物种类与数量偏少,水体处于贫营养状况。

1)龙潭水库

龙潭水库浮游植物共计 17 种,硅藻门的羽纹藻为优势种;浮游植物数量偏少,硅藻门处于绝对优势,水体营养水平较低;多样性和均匀度指数分别为 3.17 和 0.79,说明龙潭水库浮游植物分配均匀,群落结构稳定。

2)截引工程所在河流、支沟

泾河二级支沟策底河干流、暖水河一级支沟、颉河一级支流和颉河干流,浮游植物种类数为 16 ~ 37 种,硅藻门占绝对优势,优势种为简单舟形藻、扁圆卵形藻、二头尺骨针杆藻等,符合一般情况下山区河流上游因水流湍急浮游植物几乎全为底生藻类这一规律,底质多为砾石;浮游植物数量偏少,水体营养水平偏低;多样性指数为 1.90 ~ 4.08,均匀度指数为 0.68 ~ 0.94,其中策底河多样性指数和均匀度分别为 1.90 和 0.68,相对其他河流数值偏小。

3)暖水河水库

暖水河水库浮游植物共计 14 种,分布在硅藻门和绿藻门,硅藻门的舟形藻为优势种;

浮游植物数量偏少,水体营养水平较低;多样性指数和均匀度分别为 3.42 和 0.89,浮游植物分配均匀,群落结构稳定。

4)崆峒水库

崆峒水库浮游植物种类共计 21 种,硅藻门和绿藻门占绝对优势,绿藻门的小球藻为优势种;浮游植物密度远大于龙潭水库、暖水河水库,说明崆峒水库水体处于富营养状态;多样性指数和均匀度分别为 0.29 和 0.07,说明崆峒水库浮游植物优势种明显,水体也许有面源污染的存在。

本次调查结果与 20 世纪 80 年代《六盘山自然保护区科学考察》所记录的浮游植物相比,在种类和数量上明显增加,特别是绿藻门、蓝藻门、裸藻门和甲藻门等耐污种类的更多出现,说明这一区域开发程度提高,水体的营养物质增加,但硅藻门种类占优势的状况仍将会延续下去。

2.2.6 浮游动物

2.2.6.1 浮游动物种类组成

调查区域浮游动物标本经鉴定共检出 4 门 54 种,主要浮游动物种类组成名录见附录 4。其中,原生动物 41 种,轮虫类 7 种,枝角类 3 种,桡足类 3 种。浮游动物各门类中,原生动物占绝对优势,在各处均检出,其次是轮虫类。各调查河流及水库,浮游动物种类数为 2 ~ 25 种。

2.2.6.2 浮游动物数量组成

浮游动物定量分析表明,调查区域浮游动物密度为 60 ~ 505 ind/L,平均密度为 239.3 ind/L,生物量为 0.002 1 ~ 0.617 7 mg/L,平均生物量为 0.198 mg/L;从浮游动物密度看,调查区域浮游动物以原生动物占绝对优势,占总生物平均密度的 89.43%;生物量上枝角类占优势,占总平均生物量的 88.07%;其他门类所占比例较少。

2.2.6.3 浮游动物多样性指数和均匀度

浮游动物多样性指数和均匀度具体计算公式同上,结果显示,调查范围内河流、支沟和水库浮游动物的多样性指数为 0.86 ~ 3.01,均匀度为 0.75 ~ 0.91,具体见表 2-11。

表 2-11　浮游动物多样性指数和均匀度

河流、水库	多样性指数(H')	均匀度(J)
龙潭水库	2.92	0.75
泾河二级支沟(红家峡)	2.62	0.79
策底河干流(石咀子)	2.81	0.85
暖水河水库	0.86	0.86
暖水河一级支沟(白家沟)	2.10	0.90
颉河一级支流(清水沟)	2.27	0.88
颉河干流(卧羊川)	1.95	0.85
崆峒水库	3.01	0.91

2.2.6.4 浮游动物现状评价

本次调查结果显示浮游动物种类和数量偏少,种类分布不均匀,这与浮游植物相一致。

1)龙潭水库

龙潭水库浮游动物共计 14 种,全部为原生动物,优势种为球形沙壳虫和辐射变形虫;浮游动物数量偏少,水体营养水平较低;多样性指数和均匀度分别为 2.92 和 0.75,浮游动物分配均匀,群落结构稳定。

2)截引工程所在河流、支沟

泾河二级支沟、策底河干流、暖水河一级支沟、颉河一级支流和颉河干流,浮游动物种类数为 4~24 种,原生动物占绝对优势,优势种为球形沙壳虫和恩氏筒壳虫;浮游动物数量偏少,水体营养水平偏低;多样性指数为 1.95~3.63,均匀度指数为 0.79~0.91,这些河流、支沟的多样性指数和均匀度处于中等以上水平,浮游动物群落结构相对稳定。

3)暖水河水库

暖水河水库浮游动物共计 2 种,全部为原生动物,球形沙壳虫为优势种;浮游动物数量偏少,原生动物处于绝对优势,水体营养水平低;多样性指数和均匀度均为 0.86,多样性指数偏低,由于只鉴定出 2 种浮游动物,因此无法准确衡量出浮游动物群落的稳定性。

4)崆峒水库

崆峒水库浮游动物种类共计 13 种,全部为原生动物和轮虫类,优势种为球形沙壳虫和长肢多肢轮虫;浮游动物密度和生物量分别为 140 ind/L 和 0.617 7 mg/L;多样性指数和均匀度分别为 3.01 和 0.91,浮游动物群落比较稳定。

本次调查结果与 20 世纪 80 年代调查相比,浮游动物种类和数量都有所增加,反映了调查区域水体营养物质的增加。调查区域浮游动物枝角类和桡足类种类与数量还是偏少,与历史调查结果一致。

2.2.7 底栖生物

2.2.7.1 底栖生物种类组成与分布

调查范围内河流、支沟及水库采集到的底栖动物标本经鉴定共检出 18 种,其中甲壳类 1 种,水生昆虫 9 种,淡水寡毛类 3 种,软体动物 5 种,种类组成名录详见附录 5。底栖动物各门类中,水生昆虫占绝对优势,除崆峒水库外,其余各处均检出有水生昆虫;其次是软体动物和淡水寡毛类,甲壳动物只检出 1 种。各调查河流、支沟和水库,底栖动物种类数在 2~6 种,龙潭水库和暖水河一级支沟(白家沟)底栖生物种类数最多,崆峒水库种类数最少;钩虾、扁蜉和指突隐摇蚊为优势种。

2.2.7.2 底栖动物数量组成

底栖动物定量分析表明,调查区域底栖动物密度为 127~2 388 ind/m²,平均密度为 645.484 ind/m²,生物量为 0.861~34.752 g/m²,平均生物量为 15.01 g/m²;从底栖动物密度看,调查区域底栖动物以水生昆虫占绝对优势,其平均密度为 371.41 ind/m²,占总生物平均密度的 41.07%;生物量上软体动物占优势,平均生物量为 8.622 g/m²,占总平均生物量的 57.45%;其他类所占比例较少。

2.2.7.3 底栖动物多样性指数和均匀度

底栖动物多样性指数和均匀度计算公式同上,结果显示,调查范围内河流、支沟和水库底栖动物的多样性指数为 0.81 ~ 2.34,均匀度为 0.52 ~ 0.96。

2.2.7.4 底栖动物现状评价

调查区域共检出底栖动物 18 种,其中甲壳类 1 种,水生昆虫 9 种,淡水寡毛类 3 种,软体动物 5 种,其中水生昆虫占绝对优势,除崆峒水库外,其余各处均检出有水生昆虫;其次是软体动物和淡水寡毛类,甲壳动物只检出 1 种。调查区域内钩虾、扁蜉和指突隐摇蚊为优势种。

1) 龙潭水库

龙潭水库底栖动物共计 6 种,各门类均有分布,优势种为淡水寡毛类的奥特开水丝蚓;底栖动物密度和生物量分别为 732 ind/m² 和 5.155 g/m²;多样性指数和均匀度分别为 2.34 和 0.90,说明龙潭水库底栖动物分配均匀,群落结构稳定。

2) 截引工程所在河流、支沟

泾河二级支沟、策底河干流、暖水河一级支沟、颉河一级支流和颉河干流,底栖动物种类数为 3 ~ 6 种,优势种为钩虾、扁蜉、奥特开水丝蚓和沙蚕;底栖动物密度和生物量为 255 ~ 2 388 ind/m² 和 1.086 ~ 34.752 g/m²;多样性指数为 0.82 ~ 2.12,均匀度为 0.52 ~ 0.95。泾河一级支沟、泾河二级支沟底栖生物的多样性指数和均匀度偏低,群落结构简单,容易受到外界干扰。

3) 暖水河水库

暖水河水库底栖动物共计 3 种,全部为水生昆虫和淡水寡毛类,指突隐摇蚊为优势种;底栖动物密度和生物量分别为 350 ind/m² 和 0.861 g/m²;多样性指数和均匀度分别为 1.44 和 0.91,底栖动物种类分布均匀,群落结构相对稳定。

4) 崆峒水库

崆峒水库底栖动物种类共计 4 种,全部为软体动物,优势种为折叠萝卜螺;底栖动物密度和生物量分别为 645.484 ind/m² 和 14.139 g/m²;多样性指数和均匀度分别为 1.92 和 0.96,底栖动物种类分布均匀,群落结构相对稳定。

本次调查与历史记录对比,底栖动物的种类和数量明显减少,可能跟调查地点的选择和调查时间的差异有关。

2.2.8 鱼类资源状况

2.2.8.1 项目区鱼类区系组成

通过实地调查、走访调查和资料查询,调查范围内共计鱼类 6 种,包括鲤科 2 种、鳅科 3 种、鲑科 1 种(详见表 2-12),鱼类组成简单。

调查区域鱼类种类组成:土著鱼类三种,分别为拉氏鱼岁、背斑高原鳅、后鳍高原鳅,虹鳟为外来种。

鱼类区系组成分析表明:鲤、鲫和麦穗鱼属于第三纪区系复合成分,马口鱼为中国江河平原区系复合成分,鲢、草鱼和拉氏鱼岁为北方山区区系复合成分,高原鳅为中亚高原区系复合成分,这些鱼类均属于全北区或古北区。虹鳟为外来种。

表 2-12　鱼类种类组成

种类		来源	说明
鲤科 Cyprinidae	拉氏鲅 *Phoxinus lagowskii Dybowsky*	实地捕捞	
	马口鱼 *Opsriichthys bidens（Gunther）*	实地捕捞	
鳅科 Cobitidae	后鳍高原鳅 *Triplophysa Postventralis（Nichols）*	实地捕捞	
	背斑高原鳅 *Triplophysa dorsonotata（Kessler）*	实地捕捞	
	高原鳅 *Triplophysa Rendahl*	实地捕捞	
鲑科 Salmonidae	虹鳟 *Oncorhynchus mykiss*	走访调查	外来种

2.2.8.2　渔获物组成分析

本次调查实地捕获鱼类 95 尾,其中鱼苗 81 尾,占 86.2%,剩余鱼类经实验室鉴定隶属于鲤科和鳅科,鲤科鱼类 7 尾,其中拉氏鲅 5 尾,马口鱼 2 尾;鳅科 7 尾,全部为背斑高原鳅(见表 2-13)。

表 2-13　渔获物种类组成及分布表

种类	数量（尾）	全长（cm）	地点	所属河流、水库
马口鱼	2	8.5、8.7	河西乡	策底河
背斑高原鳅	1	7.4		
背斑高原鳅	2	4.6、4.3	石咀子	
鱼苗	16	1.4~2.6		
鱼苗	6	1.1~1.7	蒿店	颉河干流
鱼苗	11	1.2~1.9	卧羊川	
拉氏鲅	2	5.3、6.0	太阳洼	颉河一级支流
背斑高原鳅	2	7.4、8.1	崆峒水库	崆峒水库
拉氏鲅	3	4.1~6.5	龙潭水库	龙潭水库
鱼苗	48	1.1~2.6		
背斑高原鳅	2	6.8、7.5		

1）策底河

实地捕获鱼类 21 尾,分别在截引点附近的石咀子和截引点下游的河西。石咀子捕获鱼类 18 尾,鱼苗 16 尾,背斑高原鳅 2 尾;河西乡捕获鱼类 3 尾,马口鱼 2 尾,背斑高原鳅 1 尾。

2）颉河干流

卧羊川位于截引点附近,实地捕获鱼类 11 尾,全部为鱼苗;蒿店位于截引点下游,实地捕获鱼类 6 尾,全部为鱼苗。

3)颉河一级支流

太阳洼位于截引点(清水沟)下游,实地捕获鱼类 2 尾,全部为拉氏鲅。

4)龙潭水库

实地捕获鱼类 53 尾,其中鱼苗 48 尾,种类无法确定;拉氏鲅 3 尾,背斑高原鳅 2 尾。

5)崆峒水库

实地捕获鱼类 2 尾,经鉴定为背斑高原鳅。

2.2.8.3　主要经济鱼类资源和珍稀濒危鱼类

调查范围内主要经济鱼类包括虹鳟,虹鳟分布在龙潭水库及库尾,据龙潭水库景区工作人员介绍,虹鳟是上游二龙河虹鳟养殖场逃逸种。

经检索相关文献,调查范围内无国家或省级保护鱼类;但拉氏鲅、背斑高原鳅和后鳍高原鳅作为地方土著鱼类,应加强保护。

本次调查实地捕获拉氏鲅共计 5 尾,分别发现于太阳洼、龙潭水库,拉氏鲅属鲤形目,鲤科,雅罗鱼亚科,鲅鱼属;体侧扁而较长,银灰色,有黑色斑点,口大,吻尖,喜寒冷;一般主要生活在山区溪流以及水质清澈的水体中的小型鱼类,产黏性卵。

捕获背斑高原鳅共计 5 尾,分别发现于河西乡、石咀子、崆峒水库、龙潭水库,背斑高原鳅属鲤形目,鳅科,条鳅亚科中最大的属,适应于砾石底质的山溪流水环境,营底栖生活,主食着生藻类,产黏性卵。

捕获后鳍高原鳅共计 2 尾,发现于崆峒水库,后鳍高原鳅属鲤形目,鳅科,适应于砾石底质的山溪流水环境,营底栖生活,产黏性卵。

2.2.8.4　主要鱼类生态习性分析

1)高原鳅属鱼类

高原鳅属(*Triplophysa Rendahl*)属鲤形目,鳅科,条鳅亚科中最大的属;高原鳅属鱼类适应于砾石底质的山溪流水环境,营底栖生活,主食着生藻类,产黏性卵。

2)鲫鱼

鲫鱼(*Carassus auratus Linnaeus*)属鲤形目,鲤科,鲫属;鲫鱼体高,侧扁,体背及两侧呈银灰色,各鳍灰色;生活适应性强,在各种淡水水域中都能生活,尤喜栖居在水草丛生的浅水区以及水体的底层;食性为杂食,主要以水草为食,亦食人工饵料。鲫鱼一龄鱼可达性成熟,分批产卵,生殖时期最早在 3 ~ 4 月,水温达到 17 ℃时即可产卵,一直可持续到 7 月上旬;卵呈黏性,常附着在水草枝叶发育。

3)拉氏鲅

拉氏鲅(*Phoxinus lagowskii Dybowsky*)属鲤形目,鲤科,雅罗鱼亚科,鲅鱼属;拉氏鲅体侧扁而较长,银灰色,有黑色斑点,口大,吻尖,喜寒冷;一般主要生活在山区溪流以及水质清澈的水体中的小型鱼类,产黏性卵。

4)麦穗鱼

麦穗鱼(*Pseudorasbora parua*)属鲤形目,鲤科,鲍亚科,麦穗鱼属;麦穗鱼为江河、湖泊、池塘等水体中常见的小型鱼类,生活在浅水区;杂食,主食浮游动物;产卵期为 4 ~ 6

月,卵椭圆形,属黏性卵,成串地黏附于石片、蚌壳等物体上,孵化期雄鱼有守护的习性。

5)马口鱼

马口鱼(*Opsriichthys bidens*(*Gunthey*))属鲤形目鲤科,马口鱼属;马口鱼栖居于河川较上游的河段,喜生活在水流清澈、水温较低的水体中。马口鱼为小型杂食性鱼类,幼鱼嗜食浮游生物,产黏性卵。

2.2.9 鱼类产卵场

根据资料查询、实地调查、渔获物种类组成、鱼类产卵类型和鱼苗情况判断鱼类产卵场。本次调查在龙潭水库、石咀子、蒿店、卧羊川、太阳洼,实地捕获和发现了鱼苗,体长为0.4~2.6 cm,捕获的鱼类产黏性卵,底质以黄泥砾石为主,水生植物丰富,由此判断,这些地方有鱼类产卵场存在。据调查,几年前崆峒水库开展过水库鱼类增养殖项目,根据实地勘察和水库环境能够判断崆峒水库也有鱼类产卵场存在。

本次调查确定了6处地点存在鱼类产卵场,分别在龙潭水库、策底河干流石咀子、颉河干流蒿店和卧羊川、颉河一级支流太阳洼和崆峒水库,产卵场分布具体见表2-14和附图7。

表2-14 鱼类产卵场分布

编号	地点	所在河流水库	与工程位置关系	地理坐标	高程(m)	水温(℃)	实测流速(m/s)	底质	鱼苗数量	大小规格(cm)
1	龙潭水库	龙潭水库	库区	N:35°23′ E:106°20′	1 927	15.6		砾石	48	1.1~2.6
2	石咀子	策底河干流	截引点附近	N:35°20′ E:106°26′	1 701	19.8	0.187	砾石黄泥	16	1.4~2.6
3	蒿店	颉河干流	截引点下游	N:35°40′ E:106°24′	1 675	12.0	0.392	砾石黄泥	6	1.1~1.7
4	卧羊川	颉河干流	截引点附近	N:35°39′ E:106°18′	1 825	11.0	0.255	砾石黄泥	11	1.2~1.9
5	太阳洼	颉河一级支流	截引点下游	N:35°38′ E:106°19′	1 832	13.0	0.445	砾石黄泥	存在	
6	崆峒水库	崆峒水库	库区	N:35°32′ E:106°31′	1 501	23.0		砾石黄泥		

产卵场鱼苗所在的具体位置是:①石咀子、下秦、蒿店、卧羊川和太阳洼的鱼苗多分布在河流附近滩涂的水坑或缓流处,这里水流缓慢,底质多为黄泥和砾石,小型水生植物分布较多;②龙潭水库鱼苗多分布在靠近岸边的浅水区,底质多为黄泥和砾石,水生植物分布较多。

2.3 六盘山自然保护区生态现状调查与评价

2.3.1 陆生植物现状调查

2.3.1.1 自然保护区植物资源及植被类型

六盘山自然保护区地处温带草原区的南部森林草原地带,地带性植被类型为草甸草原和落叶阔叶林,区系具有明显的过渡性,组成本区植物区系的维管植物有 96 科 361 属 896 种。六盘山植被分为温性针叶林、夏绿阔叶林、常绿竹灌丛、落叶阔叶灌丛、草原、荒漠、草甸 7 个植被类型组,17 个植被类型,31 个群系和 89 个群丛,见表 2-15。

表 2-15　保护区植被类型

植被型	群系组	群系	群丛
温性针叶林	山地松林	华山松林	华山松 - 箭竹群丛
			华山松 + 华椴 - 箭竹群丛
			华山松 + 红桦 - 箭竹 - 苔藓群丛
			华山松群丛
			华山松 + 华椴 - 箭竹 + 榛群丛
			华山松 + 辽东栎群丛
			华山松 + 糙皮桦 - 箭竹 - 苔藓群丛
		油松林	油松 - 灰栒子 + 虎榛子群丛
			油松 - 沙冬青群丛
夏绿阔叶林	山地栎林	辽东栎林	辽东栎 - 榛 - 华北苔草群丛
			辽东栎 - 榛群丛
			辽东栎 - 箭竹群丛
			辽东栎群丛
			辽东栎 - 栓翘卫矛 + 甘肃山楂 - 短柄草群丛
			辽东栎 - 榛 + 箭竹群丛
			辽东栎 + 少脉椴 - 榛群丛
			辽东栎 + 山杨 - 榛群丛
			辽东栎 + 山杨 - 箭竹群丛
	山地杨林	山杨林	山杨 - 榛 - 苔藓群丛
			山杨 - 榛群丛
			山杨 - 柔毛绣线菊 - 华北苔草群丛
			山杨 + 辽东栎 - 榛群丛
			山杨 - 箭竹 - 苔藓群丛
			山杨 + 辽东栎 - 箭竹 - 苔藓群丛
			山杨 + 少脉椴 - 箭竹 - 苔藓群丛
			山杨 + 白桦 - 箭竹群丛
			山杨 - 蕨群丛

续表 2-15

植被型	群系组	群系	群丛
夏绿阔叶林	山地桦林	白桦林	白桦 - 榛 - 华北苔藓草群丛 白桦 - 甘肃山楂 - 淫羊藿群丛 白桦 + 山杨 - 榛群丛 白桦 - 箭竹 - 苔藓群丛 白桦 - 箭竹群丛 白桦 + 辽东栎 - 箭竹群丛 白桦 + 红桦 - 箭竹群丛 白桦 - 似五蕊柳 - 箭竹群丛
		红桦林	红桦 - 箭竹 - 苔藓群丛 红桦 + 白桦 - 箭竹 - 苔藓群丛 红桦 + 华山松 - 箭竹 - 苔藓群丛 红桦 + 红叶花楸 - 箭竹 - 苔藓群丛
		糙皮桦林	糙皮桦 - 箭竹 - 苔藓群丛 糙皮桦 + 华山松 - 箭竹 - 苔藓群丛 糙皮桦 + 红桦 - 箭竹 - 苔藓群丛
常绿竹灌丛	山地竹丛	箭竹灌丛	箭竹 - 苔藓群丛
落叶阔叶灌丛	河谷落叶阔叶灌丛	筐柳灌丛	筐柳 - 华扁穗草 + 银莲花群丛
	山地落叶阔叶灌丛	沙棘灌丛	沙棘 - 铁杆蒿 + 茭蒿群丛 沙棘 - 短柄草 + 苔草群丛
		虎榛子灌丛	虎榛子 - 铁杆蒿 + 茭蒿群丛 虎榛子 - 短柄草 + 苔草群丛
		榛灌丛	榛 - 苔草 + 野棉花群丛
		峨眉蔷薇灌丛	峨眉蔷薇 - 短柄草群丛 峨眉蔷薇 - 铁杆蒿群丛
		秦岭小檗灌丛	秦岭小檗 - 细叶亚菊群丛
		中华柳灌丛	中华柳 - 短柄草群丛 中华柳 - 柳叶凤毛菊群丛 中华柳 - 披针叶苔草 - 苔藓群丛 中华柳 - 羊茅 - 苔藓群丛
		灰栒子灌丛	灰栒子 - 铁杆蒿群丛 灰栒子 - 蟹甲草 + 紫菀群丛
	甘肃海棠灌丛	甘肃海棠灌丛	甘肃海棠 - 短柄草群丛
	高山绣线菊灌丛	高山绣线菊灌丛	高山绣线菊 - 紫羊茅群丛

· 47 ·

植被型	群系组	群系	群丛
草原	典型草原	本氏针茅草原	本氏针茅群丛
	草甸草原	贝加尔针茅草原	贝加尔针茅 + 短柄草群丛 贝加尔针茅 + 铁杆蒿 + 茭蒿群丛
		甘青针茅草原	甘青针茅 + 铁杆蒿群丛 甘青针茅 + 贝加尔针茅群丛 甘青针茅 + 落芒草群丛
		白羊草草原	白羊草 + 贝加尔针茅群丛 白羊草 + 铁杆蒿 + 茭蒿群丛
	小半灌木草原	铁杆蒿草原	铁杆蒿 + 短柄草群丛 铁杆蒿 + 茭蒿群丛 铁杆蒿 + 甘青针茅群丛 铁杆蒿 + 百里香群丛 铁杆蒿 + 贝加尔针茅群丛
		茭蒿草原	茭蒿 + 百里香群丛 茭蒿 + 短柄草群丛 茭蒿 + 铁杆蒿群丛 茭蒿 + 长芒草群丛
		冷蒿草原	冷蒿群丛
荒漠	草原化荒漠	沙冬青荒漠	沙冬青 - 沙生针茅群丛
草甸	禾草草甸	短柄草草甸	短柄草 + 铁杆蒿群丛 短柄草 + 蕨 + 苔草群丛 短柄草 + 苔草群丛
		紫穗鹅冠草草甸	紫穗鹅冠草 + 短柄草群丛 紫穗鹅冠草 + 紫苞风毛菊群丛
	苔草草甸	苔草草甸	苔草 + 禾叶风毛菊群丛 苔草 + 蟹甲草群丛 苔草群丛
	杂类草草甸	蕨草甸	蕨 + 短柄草 + 苔草群丛
		风毛菊草甸	紫苞风毛菊 + 驴耳朵风毛菊 + 蕨群丛

2.3.1.2 保护区内工程沿线植被样方调查

2010 年 8 月,研究项目组组织对自然保护区进行了实地踏勘和生态现状调查,样方调查结果见表 2-3。经植被样方调查发现,工程沿线植被以乔木和草本为主,龙潭水库外围植被以灌木和草本为主,区域植被覆盖度较高。

2.3.2　自然保护区动物资源

六盘山自然保护区有207种野生动物,隶属24目60科,其中古北界107种,占研究区脊椎动物总数的51.7%;东洋界22种,约占总数的10.6%,其余的78种约占总数的37.7%,为两界兼有种。保护区水体环境处于高海拔地区,水体常年水温较低,不利于野生水生动物生长繁殖,所以这一区域水生野生动物种类不多。调查表明,鲤科3种,鳅科2种,鲑科引进1种。

2.3.3　国家重点保护野生动植物资源

2.3.3.1　国家重点保护植物和珍稀、特有植物

查阅资料和现场走访表明,自然保护区有1种国家Ⅱ级重点保护植物——水曲柳(*Fraxinus mandshurica Rupr.*),《中国植物红皮书》渐危种——桃儿七(*Sinopodophyllum extnedium(Wall.)Ying*),三个六盘山特有植物——六盘山棘豆(*Oxytropis ningxiaensis C. W. Chang*)、四花早熟禾(*Poa tetrantha Keng*)、紫穗鹅冠草(*Roegneria pur purascens Keng*)。水曲柳为木犀科梣属的植物,分布于朝鲜、日本、俄罗斯以及中国大陆的陕西、甘肃、湖北、东北、华北等地,生长于海拔700~2 100 m的地区,一般生长在山坡疏林中或河谷平缓山地,为阳性树种,幼龄期稍耐庇荫,成龄后需要充分光照。在本工程研究区内,水曲柳仅零星分布于保护区内的河谷内。

现场未调查到重点保护植物。

2.3.3.2　国家重点保护野生动物

国家保护野生动物有14种,兽类3种,鸟类11种。其中,国家Ⅰ级保护动物3种,为金钱豹、林麝、金雕,国家Ⅱ级保护动物11种,详见表2-16。

表2-16　保护区陆生国家重点保护野生动物

类别		中文名	拉丁名	保护级别
兽类	猫科	金钱豹	*Panther pardus*	Ⅰ
	麝科	林麝	*Moschus berezovskii*	Ⅰ
	犬科	豺	*Cuon alpinus*	Ⅱ
鸟类	鹰科	鸢	*Milvus korschun lineatus*	Ⅱ
		金雕	*Aquila chrysaetos daphnea*	Ⅰ
		兀鹫	*Gyps fulvus himalayensis*	Ⅱ
		雀鹰	*Accipiter nisus nisosimilis*	Ⅱ
		白尾鹞	*Curcus cyaneus cyaneus*	Ⅱ
	隼科 Falconidae	燕隼	*Falco subbuteo subbuteo*	Ⅱ
		红脚隼	*Falco vespertinus amurensis*	Ⅱ
		红隼	*Falco tinnunculus amurensis*	Ⅱ

类别		汉语名	拉丁名	保护级别
鸟类	雉科 Phasianidae	勺鸡	*Pucrasia macroloaphaxanthospila*	Ⅱ
		红腹锦鸡	*Chyrysolophus pictus*	Ⅱ
	鸱鸮科 Strigidae	小鸮	*Athene noctua plumipes*	Ⅱ

2.4 水环境调查与评价

2.4.1 地表水环境调查与评价

2.4.1.1 水质监测与评价断面

为了了解和掌握项目区水质现状,对项目引水区域进行地表水水质现状调查监测。选取工程涉及的泾河干流、策底河、暖水河、颉河、清水河上的 9 个断面作为本次引水区现状水质监测评价断面。监测时间为 2010 年 7 月、12 月和 2011 年 5 月,共监测三次,断面布设情况见表 2-17。

表 2-17 引水区地表水质监测评价断面一览

所在河流	断面名称	序号	断面性质	功能
泾河干流	龙潭水库	1	库中	
		2	坝前	
泾河支沟	红家峡	3	截引点	
策底河干流	石咀子沟	4	截引点	
颉河支沟	清水沟	5	截引点	了解水源引水水质
颉河干流	卧羊川	6	截引点	
暖水河干流	暖水河水库	7	坝前	
暖水河支沟	暖水河水库上游	8	截引点上游断面	
	白家沟	9	截引点	

对于受水区地表水质,采取 2011 年固原市环境监测站检测的常规水质资料进行评价,评价断面见表 2-18。

2.4.1.2 水质评价结果

1) 引水区水质评价

3 次监测结果表明,泾河、策底河、暖水河和颉河水质均能满足人饮最低标准——地表水水质Ⅲ类目标要求。根据 2010 年 7 月、2010 年 12 月水质监测结果,除颉河支流——清水沟水质达到Ⅱ类水质,不满足Ⅰ类水质目标外,其他 3 条河流及支沟水质均能达到Ⅰ

类、Ⅱ类水质目标要求。根据 2011 年 5 月水质监测结果,泾河、策底河、暖水河支沟水质达到Ⅱ类水质目标;暖水河干流超Ⅱ类水质目标,达到Ⅲ类水质;颉河超Ⅰ类水质目标,达到Ⅱ类水质。

表 2-18　受水区地表水质常规监测评价断面一览

断面名称	所在河流	所属行政区
皮革厂	清水河	固原市
拖配厂		
古城	茹河	彭阳县
水文站		
夏寨水库	葫芦河	西吉县

其中,颉河支沟清水沟 7 月监测超标因子为氨氮,超标倍数 0.2 倍;12 月、5 月监测超标因子为总磷,超标倍数分别为 0.7 倍和 1.0 倍;颉河干流超标因子为总磷、高锰酸盐指数、氨氮,超标倍数分别为 1.40 倍、0.15 倍、0.29 倍。暖水河干流水质超标因子为高锰酸盐指数,超标倍数为 0.09 倍。

整体来看,项目引水区地表水水质较好,个别因子超标,但超标不严重,超标断面附近大多有村庄存在,超标原因可能是农田面源及附近村庄生活污水排入,硫酸盐超标主要为区域岩石中含量高,冲刷进入水体引起。运行期对超标断面附近村庄排放的污水采取一定的截污措施后,将不影响饮用,现状所有断面水质均符合人饮最低标准Ⅲ类水要求,完全能够满足引水对水质的要求。

2)受水区水质评价

受水区清水河的拖配厂断面全年及平、枯两个水期均为Ⅰ类水,水质较好,符合Ⅱ类水水质标准要求;皮革厂断面全年及平、枯两个水期均为Ⅴ类水,水质较差,超出Ⅳ类水水质标准要求,超标因子为 COD,超标倍数为 0.20～0.24。拖配厂为清水河入固原市入境断面,皮革厂为清水河出固原市的出境断面,皮革厂水质超标原因主要是受固原市人为排污的影响。

葫芦河夏寨水库断面为葫芦河出西吉县的出境断面,水质较差,全年及平、枯两个水期均为Ⅴ类水,超出Ⅲ类水水质标准,超标因子为 COD、氨氮,超标倍数为 0.86～0.90,超标原因主要是西吉县排污。

茹河古城断面全年均值及枯水期水质略差,为Ⅲ类,超出Ⅱ类水水质标准要求,超标因子为 COD,超标倍数为 0.15 倍,平水期水质较好,为Ⅰ类,符合Ⅱ类水水质标准要求;水文站断面全年均值及枯水期水质较差,为Ⅴ类,超出Ⅳ类水水质标准要求,超标因子为 COD,超标倍数为 0.12,超标原因主要是受彭阳县排污影响,水文站断面平水期水质较好,为Ⅲ类,符合Ⅳ类水水质标准要求。古城断面为茹河入彭阳县的入境断面,水文站断面为茹河出彭阳县的出境断面,从两断面水质评价结果可以看出,彭阳县人为活动对茹河影响较大。总体来看,受水区城镇上游水质较好,为Ⅰ类、Ⅲ类水,基本上都能达到水质目标要求,下游水质较差,均为Ⅴ类水,均超出水质目标要求,超标原因主要是受城镇排污影响。但是近年来,我国城市治污力度不断加大,污水处理厂处理率及回用率不断提高,在这样的大背景下,项目受水区水质也将会呈现好转趋势。

2.4.2 地下水环境调查与评价

为了了解项目移民安置区的地下水水质现状,本项目于2010年12月选取暖水河移民安置点及库区附近地下水井进行水质监测。监测及评价结果见表2-19。结果表明,暖水河移民安置点及库区水质现状良好,能够满足《地下水质量标准》(GB/T 14848—93)Ⅲ类水要求。

表2-19　地下水水质监测及评价结果　　　　　　（单位:mg/L）

监测点	监测时间	pH值（无量纲）	溶解性总固体	氟化物	高锰酸盐指数	总硬度	氨氮	综合评价结果
香水镇下刘庄村	2011年12月	8.23	488	0.59	0.7	360	0.08	Ⅲ类
	评价结果	Ⅰ类	Ⅱ类	Ⅰ类	Ⅰ类	Ⅲ类	Ⅲ类	
	标准指数		0.488	0.59	0.23	0.8	0.4	
香水镇下寺村	2011年12月	7.87	552	0.40	0.8	373	0.11	Ⅲ类
	评价结果	Ⅰ类	Ⅲ类	Ⅰ类	Ⅰ类	Ⅲ类	Ⅲ类	
	标准指数		0.552	0.40	0.27	0.83	0.55	

3 研究总体思路

3.1 研究目的及意义

工程引水区位于泾河流域源头区,同时涉及泾河源省级风景名胜区、六盘山自然保护区,堪称黄土高原上的一颗"绿色明珠",引水区下游 30～50 km 外均进入甘肃省境内,区域环境敏感。泾河源头区现状水资源开发利用率低,天然植被状况良好,动植物资源丰富,分布有国家重点保护和六盘山特有物种,使之成为干旱带上的"动植物王国",其生态环境的保护对泾河流域至关重要。

鉴于工程建设的必要性和引水区生态环境的敏感性,引水方案与生态环境的协调平衡至关重要。本研究首次系统调查与研究了泾河源头区水生生态现状,从生态保护优先的角度论证了生态水量,以泾河源区生态保护和保证人饮安全相协调的原则,论证了引水优化方案,确定了引水方案与生态环境的平衡点,优化后的引水方案进一步从工程角度减缓了工程建设对区域生态环境的影响程度。

本书旨在研究宁夏固原地区城乡饮水安全水源工程实施对环境尤其是生态环境产生的影响,并提出低坝生态放水措施、土著鱼类生态通道设计、加强长期生态监测等工程措施和非工程措施,保证了泾河流域源头区鱼类生境连通性和河谷生态系统基本需水要求,以做到开发与保护并重,正确处理工程建设与环境保护的关系,促进工程建设与社会、经济、环境效益协调发展。

3.2 研究对象

本书研究对象为宁夏固原地区城乡饮水安全水源工程,该工程主要包括"一源、二调、三泵、五截、十隧",输水工程全长 74.394 km,包括输水隧洞 36.448 km,输水管道 37.946 km;龙潭水库引水口改造工程,主调蓄水库中庄水库新建工程,石咀子截引点二级泵站,暖水河一级泵站。

本章将对上述工程实施产生的生态环境影响展开研究。

3.3 研究范围

本工程涉及泾河引水区、清水河流域受水区,根据建设项目规模、特点和区域环境特点,拟定研究范围见表3-1。

表 3-1　研究范围

序号	环境要素	研究范围		
		施工期	运行期	
1	生态环境	陆生生态影响研究范围：重点研究对自然保护区的影响，界定施工区域、水库淹没区域、移民安置区域、工程输水沿线、截引点及管道周围500 m。水生生物影响研究范围：工程引水、截引点涉及河流施工区附近水域	陆生生态影响调查研究范围： (1)北侧：包括整个供水区域。 (2)西北侧和东北侧：为了保证水系地理单元的完整性，西北侧和东北侧均以山脊线为界。 (3)西南侧和东侧部分区域：以国家级和地方级自然保护区边界为界。 (4)东南侧：考虑到宁夏和甘肃两省(区)的水利联系，也将可能受到影响的甘肃省崆峒水库包括在内。策底河上虽然也有截引点，但其在流出宁夏前，已经有一条较大支流汇入，因此对下游甘肃影响较小，故该处以省界为界。 水生生物影响调查评价范围：截引点上下游各4 km，水库工程上下游8～10 km；泾河下游到崆峒水库	
2	地表水环境	截引点上游1 km，下游5 km范围；输水管道穿越茹河、清水河及其他支沟处下游1 km水域范围	引水区：龙潭水库上游500 m，下游至八里桥断面；策底河截引点上游500 m，下游到铜城水库；暖水河上截引点上游500 m，下游到后峡引水工程；颉河上截引点上游500 m到平凉市颉河供水工程	受水区：一区三县污水排放河流向下延伸3 km
3	地下水环境	工程直接及间接地对地下水环境产生影响的区域，南侧到石咀子截引点，北侧到中庄水库，东、西侧均到自然保护区边界		

3.4　工程环境影响分析

3.4.1　施工期环境影响分析

工程施工过程中，在点状工程、线状工程施工等活动中，将产生废水、噪声、废气和固体废物，造成水土流失，并对施工区域的水环境、声环境、大气环境、生态环境、景观、人群健康等产生影响。工程对环境产生影响作用分析见表3-2，产污环节见图3-1。

3.4.1.1　点状工程

1)土料开采、渣场堆渣

车辆运输土料、弃渣过程中产生扬尘，汽车尾气排放会在短时间内对局部大气环境产生一定影响；土料场、弃渣场占压地表，破坏植被，开挖、堆渣不当遇大雨易引起水土流失，且本工程弃渣场较多，占地面积大，引起水土流失量大，并且堆渣期间未绿化前对局部自然景观产生一定影响。考虑区域多为起伏山地，主要利用已有沟道堆放，绿化后对周围自然景观影响不大，但应注意水土流失和沟道行洪影响。机械运转、车辆运输土料、废渣在运输过程中对沿线居民声环境和施工人员身心健康会产生一定影响。

表3-2　工程施工期环境影响初步分析

类型	项目	施工范围	施工活动	施工机械	环境现状	环境影响作用	施工时间及排污去向
点状工程	开采土料、弃渣堆放	土料场、弃渣场	开采、集料、筛洗、运输、堆渣	推土机、挖掘机、自卸汽车等	荒地、旱耕地为主	空气环境:开采、堆渣产生的粉尘,扬尘对周围环境产生一定影响,机械运输尾气排放对空气质量产生一定影响;声环境:施工机械运转及车辆运输噪声对声环境及施工人员身体产生影响;生态环境:料场开采、渣场堆渣易造成水土流失,占压植被等对生态环境产生影响	弃渣运到指定弃渣场堆放
	施工导流工程	龙潭水库、中庄水库、截引点工程	围堰修筑、明渠导流、涵管导流、坝体导流、输水洞导流等	推土机、翻斗车、挖掘机、混凝土搅拌机、自卸汽车等	荒地、坡耕地、河滩地	水环境:围堰修筑过程,基坑初期排水与经常性排水中的SS含量高对河流水质会产生一定影响,进而对水生境产生一定影响;围堰拆除后短时间内对局部水质会产生一定影响;生态环境:围堰截流改变原有水体的自然属性,影响水生生物和鱼类生境条件	龙潭水库:10~12月及1~4月枯水期进行导流;废水尽量收集在移动沉淀池内沉淀后回用;中庄水库:3~5月枯水期进行导流;废水采用沉淀池沉淀后回用;截引点:3~4月施工为主,施工废水量较小,和其他施工废水一起处理后回用
	水库工程	龙潭水库	加固、溢流坝面及工作桥、坝肩破碎带及库区渣场清理处理、扩建引水口及上坝道水洞、上坝道;新修交通路;新修交通洞	农用三轮车、推土机、爆破、手风钻、自卸卡车、汽车起重机等	库区及坝下处于六盘山自然保护区内,库区周边滑坡严重,植被覆盖率低	空气环境,声环境:车辆尾气排放对空气和声环境及施工人员身体产生的扬尘、噪声;车辆运输产生的影响;隧洞爆破噪声对保护区内动物产生一定的影响;社会环境:工程施工期间过往车辆频繁经过景区,对景区自然景观、对社会景观产生一定的不利的影响;水环境:混凝土养护水若全部运走直接入河若处理后回用(建议土养护水对泾河不当拉走妥善处置不当引起地表水土流失;工程在自然保护区内施工占压地表植被的损失);生态环境:工程施工中产生的弃渣处置不当易引起水土流失;工程在自然保护区内施工占压地表植被,引起自然保护区内植被覆量的损失	第一年第三季度到第三年第二季度结束。全部运到保护区外沉淀后回用

类型	项目	施工范围	施工活动	施工机械	环境现状	环境影响作用	施工时间及排污去向
点状工程	水库工程	中庄水库	新建:大坝、输水洞	自卸汽车、推土机、移动拌和机、胶轮车、卷扬机	河滩地,台地为主,零星分布有柳树,施工场地附近50 m内无环境敏感点	生态环境:工程永久占地、临时占地等占压植被;环境空气:施工用料运输人员产生扬尘、废气等对环境空气产生影响;声环境:爆破、施工机械运转,如移动式拌和机、胶轮车、卷扬机、钢锯厂机械等运转噪声对声环境产生一定的影响;水环境:拌和系统冲洗废水及混凝土养护用水、车辆检修废水、生活污水排放对清水河水环境产生一定影响	第三年第一季度到第五年第一季度结束,沉淀处理达标后排放
	截引工程	截引点附近:石咀子、红家峡、白家沟、清水沟、卧羊川	修建沉沙池、溢流堰等、混凝土浇筑、振捣	振捣器、胶轮车、移动拌和机和车等	耕地、荒地	环境空气:土方开挖、回填,堆放、运输等产生粉尘、机械尾气对空气质量的影响;声环境:施工机械产生的噪声对附近村庄的白家沟、清水沟、卧羊川等产生较小影响;位于自然保护区声环境引点施工对自然保护区声环境影响较小;水环境:混凝土养护、土方开挖水环境造成的影响;生态环境:工程施工占地对水环境区域植被造成一定的影响	第二年第一季度开始到第四年第二季度完成。量小,全部收集回用、沉沙池沉淀回用
	加压泵站	暖水河泵站、石咀子泵站	土方及沙砾石开挖、沙砾石夯(回)填、石方明挖、混凝土浇筑等	挖掘机、自卸汽车、推土机、打夯机、手持式风钻钻孔、混凝土拌和机、起重机、翻斗车	耕地、荒地	声环境,施工机械运转噪声对周边声环境及施工人员产生一定的影响;水环境:混凝土养护废水、基坑废水对水环境的影响;生态环境:工程占地破坏一定面积的植被,废水直接排放影响河流水生生物生境	第三年第三季度到第四年第二季度结束,一级泵站在石咀子河边、基坑废水采用水泵抽到集水池沉淀处理全部回用于混凝土养护,全部回用

续表 3-2

类型	项目	施工范围	施工活动	施工机械	环境现状	环境影响作用	施工时间及排污去向
线状工程	隧洞、支洞	共10座隧洞,10座支洞	土方开挖、洞挖土方、石方明挖、混凝土浇筑、衬砌、钻孔、爆破、灌浆、集水井排水等	钻孔机,手推车,混凝土搅拌设备,插入式捣器等	荒地为主,部分进出口处有村庄	空气环境：隧洞进出口土方开挖、堆放、运输过程中产生粉尘、扬尘,机械尾气等对周边空气质量产生一定的影响；声环境：进出口爆破噪声对周边声环境及施工人员的影响,施工生产区运转对200 m范围内村庄居民会产生一定影响；水环境：混凝土养护废水、隧洞涌水施工污染后直接排放对水环境产生一定的影响。	第一年第三季度开始施工到第五年第一季度完成,隧洞涌水用于混凝土养护,多余水量直接采用水泵从集水井中通过管道抽到外面沟道,水质较好。混凝土养护废水沉淀后回用。隧洞采用环保型炸药
	输水管道	输水沿线埋设管道处	混凝土浇筑、平板振捣器振捣、输水管运输、管道安装、回填土等	挖掘机,自卸汽车,推土机,移动混凝土搅拌机,机动翻斗车等	以荒地为主	空气环境：土方开挖、回填、堆放、运输等产生粉尘、扬尘；声环境：施工机械尾气对空气质量产生影响;声环境：施工机械运转噪声对声环境及施工人员身体产生一定的影响；水环境：混凝土养护、开挖遇强降雨将产生废水,对水环境造成一定的影响；生态环境：工程施工占地对区域植被造成影响	第二年第一季度开始到第四年第二季度完成,全部生产废水采用集水沟收集到集中型集水池沉淀后回用

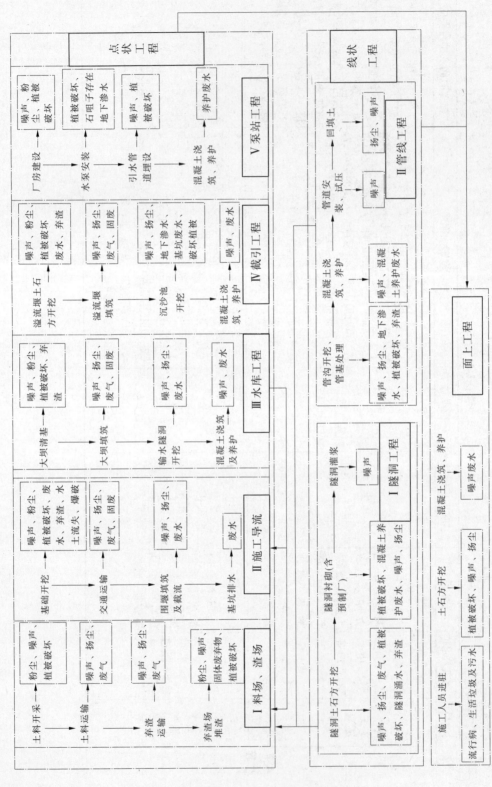

图 3-1 工程施工期产污环节示意图

2）施工导流

水库、截引工程施工导流均采用一次拦断河床围堰导流方式,其中龙潭水库大坝改造以枯水期 1～4 月和 10～12 月施工为主,龙潭水库施工导流分为一期、二期导流,围堰挡水,原坝体和排沙洞导流;中庄水库采用汛期坝体预留缺口的方式导流,坝体分期填筑,水泵抽水,供水隧洞导流。在第二年枯水期(3～5 月)进行主河道左侧坝体填筑,采用水泵抽排的方式将水流导入供水隧洞排入下游沟道。截引点规模较小,以枯水期(3～4 月)施工为主,围堰挡水,涵管导流。

围堰修筑及拆除、基坑排水等在施工导流过程中会引起局部河段短时间内 SS 浓度增高、水质变差,进而对水生生物生境产生短时间的影响,水泵运行会对一定范围内区域声环境和施工人员产生一定的影响,龙潭水库施工区抽水泵运转噪声会对自然保护区内动物产生一定惊吓,缩减动物生境。围堰拆除堆置破坏地表植被,引起生物量损失。

3）水库工程

水库施工主要为大坝清基、土石方开挖、回填,主要对大气环境、声环境和水环境产生影响,龙潭水库地处自然保护区,施工隧洞爆破扬尘、小型机械排放废气对自然保护区龙潭水库坝下段大气环境造成影响,爆破噪声对自然保护区内龙潭水库周边可能栖息的野生动物产生惊吓,需采取措施减免对野生动物尤其是重点保护动物产生影响。取水口改造、新建排沙口及施工隧洞养护、库周滑坡区整治均产生混凝土养护废水,若直接排放会污染泾河水质。

水库大坝清基过程破坏植被,引起生物量损失,同时施工人员活动也会对周边社会环境产生一定干扰。施工机械及施工车辆运转过程中产生噪声、扬尘,排放废气对施工区及运输沿线局部声环境和大气环境产生短期不利影响,尤其是枯水期干旱天气施工扬尘、粉尘量较大,对环境空气不利。土石方开挖过程遇强降雨会产生少量的基坑废水,若不处理直接排放会对水环境产生短期、局部不利影响。回填过程遇强降雨冲刷入河也会污染局部河流水质,引起水中 SS 浓度增加。水库工程相对施工时间长,施工人员相对较多,大批施工人员进驻易引发流行病,对人群健康产生一定影响。

4）截引工程

截引工程主要有溢流堰、沉沙池和泄洪洞施工,工程量较小,施工工期仅有 3 个月,施工机械相对较少,只有截引点周围及交通道路两侧 200 m 范围内居民会在施工期内受到机械运转、车辆运输扬尘、噪声影响。施工场地主要为河滩地,占地面积小,枯水期施工植被覆盖率低,占压植被引起生物量损失较小。

5）泵站工程

泵站施工期 1 年,主要为土石方开挖和压力管道安装埋设,以及混凝土浇筑工程,策底河石咀子泵站紧邻策底河,开挖有地下水渗出,但属于傍河补给地下水,水质良好,不会污染水质。暖水河泵站不存在地下渗水问题,土石方工程对周边声环境和空气环境产生一定影响,混凝土浇筑及养护主要产生养护废水,但废污水量较小。

3.4.1.2　线状工程

线状工程施工主要包括输水管道、输水隧洞、支洞工程施工,主要为土石方开挖、回填及混凝土浇筑工程,施工时间集中在第二年和第三年。分析工程施工工艺及作业方式,工程施工对环境的影响主要为土石方开挖、运输、弃渣、大坝土石方填筑、混凝土浇筑、隧洞衬砌及灌浆等施工活动引起,主要在施工期对工程施工区域水、气、声、生态等环境因子产生不利影响。

1) 水环境

隧洞衬彻、建筑物修建及浇筑等混凝土工程产生碱性废水,若直接排放将对河流水质产生一定影响。隧洞涌水量大,水质较好,简单沉淀后优先用于附近农民浇树苗、旱耕地,多余水量就近排入河流。

2) 环境空气

隧洞、管道主要工程为土石方开挖,对环境空气的影响主要是开挖隧洞进出口及支洞入口时产生爆破粉尘引起,对隧洞进出口及支洞入口附近居民空气环境产生短暂影响,隧洞内部爆破仅对施工人员产生短暂影响。轨道车出渣及运输弃渣过程弃渣若散落粉尘、运输车辆排放废气等会对隧洞到弃渣场间道路两侧空气环境产生间歇性影响。管道开挖因开挖一段埋入管道后及时进行覆土,考虑开挖面积、宽度有限,且土壤有一定湿度,因此扬尘、粉尘较少,主要是机械运转排放废气对空气环境的影响,但区域空旷,易扩散。

3) 声环境

隧洞爆破噪声为瞬时强噪声源,仅在爆破时对周围声环境产生影响,主要对现场施工人员产生影响,其次是对隧洞口附近居民产生声环境影响,隧洞内爆破因隧洞隔声降噪作用,对隧洞外声环境影响较小。混凝土搅拌、隧洞进出口喷锚支护、管道开挖及填埋等过程中施工机械运行会产生间歇性噪声污染,主要对现场施工人员短时期内产生影响。位于自然保护区内的隧洞爆破、机械运转等噪声还会对野生动物产生惊吓,引起野生动物栖息生境范围的缩减。

4) 生态环境

管道开挖及洞口开挖破坏植被,引起生物量损失,遇强降雨易引起水土流失。

3.4.1.3 面状工程

综上所述,本工程施工期主要为施工人员活动、土石方开挖及弃渣、混凝土养护及浇筑工程。施工人员产生的生活污水和生活垃圾,对施工区环境可能产生一定影响,工程占用六盘山自然保护区土地,直接对六盘山自然保护区森林植被及土壤环境造成一定影响。同时,施工营地人口密度增大,也增加了施工人员间传染病相互感染的可能性,对人群健康带来不利影响。主要工程量为土石方工程,36 km 隧洞开挖必然带来大量弃渣,引起生态破坏,产生爆破噪声和机械运转噪声等。另外,工程用混凝土量较大,混凝土现浇后养护过程产生一定量废水。

3.4.2 运行期环境影响分析

工程运行期对环境的影响主要包括引水区引水后改变泾河流域下游水文情势时空变化,进而对水生生境和河谷生态系统产生的影响;截引工程建设后对地下水产生的不利影响,以及受水区替换掉地下水源地后对地下水资源产生的有利影响,水库修建蓄水后引起地表、地下补给关系的变化。石咀子、暖水河加压泵站运行噪声对泵房外声环境产生一定的影响,工程现场管理所建设破坏地表植被对生态环境产生一定的影响,管理人员生活污水及生活垃圾等对环境产生一定的影响,暖水河、中庄水库蓄水初期淹没、移民安置等对区域自然环境和社会环境产生一定影响,运行期环境影响见表3-3,运行期主要产污及影响见图3-2。

表3-3 工程运行期环境影响初步分析

工程类型	影响源	项目组成	具体规模	环境现状	工程影响作用
点状工程	补水泵站	石咀子泵站	一泵站设计引水流量0.55 m³/s,二泵站设计引水流量0.5 m³/s	距离石咀子村150 m,荒地	(1)泵站噪声对附近居民生活的影响; (2)泵站非正常运行及维修期可能会污染策底河局部水域水质
		暖水河泵站	设计引水流量0.3 m³/s,最大供水流量0.5 m³/s,多年平均供水总量392万 m³	荒地	
	基层管理站	管理厂房、生活区	基层管理人员68人,分为6个管理站点	以公共管理与公共服务用地为主,其次为旱耕地、林地、荒地等	(1)管理所占地对生态环境的影响; (2)管理人员污水及生活垃圾对水环境和自然环境的影响
	移民安置	暖水河2个移民安置点,中庄水库4个移民安置点	暖水河水库移民安置人口396人,中庄水库搬迁移民安置741人	宅基地以废旧宅基地为主,生产安置采用原有耕地进行调剂	(1)移民迁入对迁入移民和原有居民均产生一定的社会影响; (2)占地破坏原有地表植被,引起生物量损失
	水库蓄水	中庄水库、暖水河水库	中庄水库水面面积为0.68 km²	现状为河滩地和旱耕地	(1)淹没占地改变土地利用方式; (2)水库蓄水淹没有机物,在初期对水库水质产生一定影响; (3)库区地表水位抬高,引起地下水位变化,可能对地表、地下水补给关系产生影响
	截引工程	11座截引建筑物	回水长30 m,水面面积1 000 m²	以河滩地为主	(1)改变截引河沟水文情势,引起下游水量减少; (2)大坝修筑影响上下游水生生物生境连通性

工程类型	影响源	项目组成	具体规模	环境现状	工程影响作用
线状工程	输水管道	压力管道长 35.833 km	管径为 1.4 ~ 2.0 m	以荒草地、旱耕地为主	管道埋设后高度高于原地面 20 cm，管道开挖深度 4 m 左右，上层覆土 1.5 m 左右，对地下水汇流产生较小的影响，进而影响管道上面植被生长
	输水隧洞、支洞	隧洞、支洞	隧洞尺寸 2.15 m×2.3 m	以荒地为主	隧洞开挖可能会阻隔隧洞两侧地下水连通性，引起隧洞上覆盖层中土壤水分无法汇流，导致上层生长植被因缺水而枯萎
面状工程	受水区排水	"一区三县"用水后排放	全部为人饮供水 3 980 万 m³，根据排水系数进行计算	受纳河段全部为排污控制区	受水区城镇排放生活污水对茹河、葫芦河、清水河、西河水环境产生一定的影响
	工程引水	—	共引水 3 980 万 m³	引水区处于泾河源头区，现在水质较好，生态环境良好	(1)改变引水河流及支沟水文情势；引起下游河段水量减少，对下游河段生境产生一定不利影响； (2)对泾河源头区生态系统产生不利影响

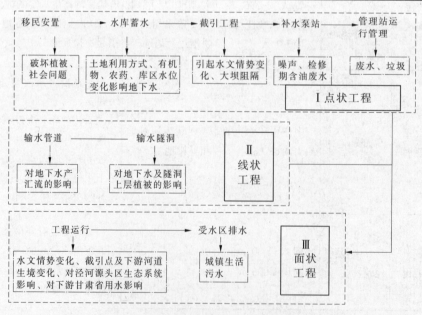

图 3-2　工程运行期影响环节示意图

3.4.2.1 点状工程

1）补水泵站

石咀子和暖水河水库有加压泵站,运行后泵站噪声会对周边声环境产生影响,石咀子村距离泵站150 m,会受到一定噪声影响,暖水河泵站附近没有敏感点,噪声仅对泵站管理人员产生影响。泵站检修期间残油若不收集会进入水中,污染局部水体。

2）基层管理站

基层管理人员较少,且分散,运行期主要为生活污水任意排放污染策底河、暖水河、颉河及泾河干流水质,生活垃圾任意堆放对自然环境和景观产生的影响,建议污水集中处理,并入当地污水处理系统;生活垃圾定期收集,运往垃圾填埋场。

3）移民安置

移民安置点建房、修路及其他设施修建过程中机械运转、车辆运输等对下寺村、和泉村、柯庄村、寇庄村、彭庄村声环境、空气环境产生短期不利影响,随着移民安置点完工,影响随即消失。通过合理施工作业时间、采取洒水措施等能够减小移民安置影响。同时,移民设施占地破坏原有地表植被,引起生物量损失,遇强降雨易引起水土流失。再者,移民迁建后由于风俗、生活习惯、耕地数量变化会引起迁入居民和原有居民社会环境影响。

4）水库蓄水

淹没占地对当地土地资源造成一定的压力,对淹没区居民和安置区当地居民的生活质量及生活方式产生一定影响。暖水河水库位于六盘山自然保护区,淹没侵占或占用了自然保护区部分动物栖息地和觅食场所,迫使它们迁徙另觅栖息地。破坏自然保护区局部区域内植被,淹没大量耕地、林地、房屋、设施等对社会经济造成一定的经济损失。

水库蓄水初期将淹没正常蓄水位以下植被、土地,植物腐烂会释放出有机物质,土地浸泡而使化肥和农药流失,增加水库N、P等有机物,同时由于大坝阻隔,河流的漂浮物、悬浮物等阻挡在水库内或沉入库底,物质腐烂将释放出有机物质,对水库水质将产生影响。

水库运行后,坝上库区水域面积远远大于库区天然河道的水面面积,水面蒸发加剧;坝前水位较天然水位抬高,引起库区水位及库边地下水位变化。水库蓄水改变了淹没区及下游原有河谷陆生和水生生境,部分区域陆生生态变为水生生态,原有河流水状态变缓,水深加大,水面增大,可能引起局部气候变化和喜水动植物的聚集。水库水位起伏变化促使在蓄水高水位和枯水位之间形成湿地生态系统。

5）截引工程

截引工程修建1 m高溢流坝,回水长30 m,水面面积1 000 m²,运行期主要改变支沟水文情势时空分布,引起坝下水量减少,改变水生生物生境条件,大坝修筑在一定程度上阻挡上下游生境连通性。

3.4.2.2 线状工程

1）输水管道

输水管线埋后高出原地表高度20 cm,开挖埋深4 m左右,由于管道埋设阻隔地下水汇流流向,并且形成较小的高台,对地下水汇流产生较小影响。另外,管道上覆土种植植被,由于降雨无法储存水分,导致上层植被生长受到一定影响。

2）隧洞、支洞

隧洞尺寸2.15 m×2.3 m，实际埋深开挖3 m×3.1 m，会阻隔隧洞两侧地下水连通，引起隧洞上覆盖层中土壤水分无法汇流，导致上层生长植被因缺水而枯萎。

3.4.2.3 面状工程

1）受水区排水

受水区固原市原州区、西吉县、彭阳县和海原县城镇用水排入清水河流域、葫芦河和泾河流域。目前，"一区三县"均建有污水处理厂，城镇污水均经过处理达标后排入受纳河流，不会改变区域水体水质目标。农村地区比较分散，各农户人饮和牲畜饮水后排水量较小，随地泼洒，生活污水主要为蒸发和渗入地下水，基本不产生退水，对附近水环境不会造成明显影响。

2）工程引水

工程引水区处于泾河流域源头区，工程引水后对坝下来水重新进行时间分配，减少下游河道来水量，引起源头区生态系统发生变化，造成坝下水生生物生境条件改变。

3.5 研究总体思路

本工程研究技术思路见图3-3。研究总体思路为：根据固原饮水安全水源工程特点及工程所处区域环境特点，初步分析工程施工、运行过程的主要环境影响。通过计算生态

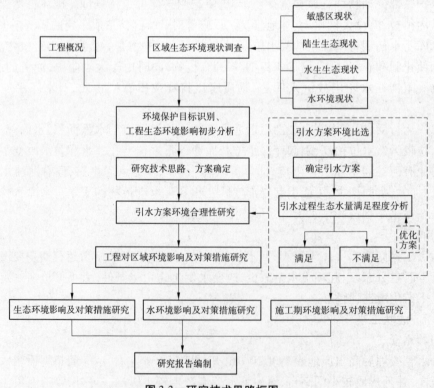

图3-3 研究技术思路框图

水量,根据工程对区域环境的影响面和影响程度,来不断优化可行性研究报告确定的引水方案,寻找引水方案与生态环境的平衡点。作为非污染生态项目,生态影响是本研究的重点,研究以区域生态环境现状调查为基础,分析工程实施对区域土地利用方式和植被、动物的影响,重点研究确定优化引水方案,工程运行期引水区因截引工程、大坝工程的阻隔和河流水文情势变化引起的生态环境影响,对土著鱼类及珍稀野生动植物的影响,以及对河谷生态系统的影响。受水区重点研究工程供水后退水对受水区水环境的影响问题。根据环境影响研究结果,对工程造成的不利影响提出低坝生态放水和土著鱼类生态通道、加强长期监测等工程措施及非工程措施,为项目建设的环境保护管理提供科学依据。

3.5.1 环境敏感保护目标识别

3.5.1.1 河流水质

泾河源头区水质较好,受水区纳污河流水质相对较差,研究河段水环境功能区划情况详见表3-4。

表3-4 研究河段水环境功能区划情况

水系	河流	一级功能区名称	二级功能区名称	范围		水质目标
				起始断面	终止断面	
泾河	泾河	泾河泾源源头水保护区		源头	白面镇	Ⅱ类
泾河	泾河	泾河宁甘缓冲区		白面镇	沙南峡口	Ⅱ类
泾河	颉河	颉河三关口缓冲区		源头	三关口水文站	Ⅰ类
泾河	茹河	茹河彭阳源头保护区		源头	中磨庄	Ⅱ类
泾河	茹河	茹河彭阳开发利用区	茹河排污控制区	小河入口	任湾	Ⅳ类
泾河	葫芦河	葫芦河西吉开发利用区	葫芦河排污控制区	新营	玉桥	Ⅲ类
清水河	清水河	清水河固原源头水保护区		源头	二十里铺	Ⅱ类
清水河	清水河	清水河同心开发利用区	清水河固原排污控制区	二十里铺	固原三营	Ⅳ类
清水河	西河	西河固原开发利用区	西河固原农业用水区	海原红羊	海原红古城	Ⅳ类

3.5.1.2 陆生生态保护目标

区域生态环境良好,经现场调查识别出区域生态环境敏感保护目标见表3-5。

表3-5 区域生态环境敏感保护目标

名称	距离(m)	和工程的相对位置
六盘山自然保护区	龙潭水库、部分输水管道、隧洞位于六盘山自然保护区	工程涉及六盘山自然保护区
泾河源省级风景名胜区	龙潭水库库区及坝下一段输水管线位于其内	工程涉及风景名胜区内
六盘山国家森林公园	龙潭水库库区及坝下一段输水管线位于其内	工程涉及六盘山国家森林公园

3.5.1.3　水生生态保护目标

保护六盘山自然保护区水生生境完整性,维持引水区水域生态环境良性循环,保证六盘山自然保护区内泾河源头及截引沟道水体中水生生物多样性,保护拉氏鲅、背斑高原鳅和后鳍高原鳅土著鱼类的种群和生境完整。

3.5.2　研究内容

本工程主要涉及六盘山自然保护区,生态环境敏感,工程涉及点状、线状工程,形式多样,输水线路较长,包括 10 座隧洞,其中 4 座隧洞长度在 4 km 以上,施工难度较大。施工布置相对分散,基础开挖土料、弃渣、弃土量大,渣场数目较多,施工期将扰动地表植被,增加水土流失量;运行期改变截引河流、支沟的水文情势,对下游甘肃省境内用水也产生一定影响。根据以上特点并结合研究工作程序,确定本次研究工作内容如下:

(1)泾河流域上游生态环境现状调查。

2010 年 7~8 月通过现场调查、走访、查阅文献等方法对泾河流域上游河段陆生及水生生态现状进行了调查和评价,调查了野生动植物资源、鱼类及其他水生生物资源、鱼类"三场"分布,分析了区域主要生态系统类型及其特点、生态完整性、鱼类种群类别,确定了生态环境保护目标,为研究工程对生态环境的影响奠定了基础。

(2)工程对生态水量的影响及引水方案优化研究。

采用多种方法综合分析,研究确定工程泾河流域截引断面下泄生态水量。根据研究确定的生态水量和原设计调节计算下泄过程分析典型年情况下逐月生态水量满足程度。根据生态水量满足程度分析结果,进一步对可研原设计引水过程、截引点布局进行优化研究。

(3)工程对泾河流域引水区生态环境的影响研究。

研究根据宁夏固原水源工程特点以及工程所处区域环境特点,结合优化后的方案,分析确定了工程实施对区域土地利用方式和植被、动物的影响,重点分析研究了工程运行期引水区因引水枢纽的阻隔和河流水文情势变化而引起的生态环境影响,对水生生物尤其是鱼类的影响,以及对河谷植被的影响;受水区采用水质模型预测工程实施后水质变化情况,重点研究用水量的增加是否引发水环境问题。

(4)工程对区域生态环境影响的对策措施研究。

根据环境影响研究结论,对工程造成的不利环境影响提出了具体可行的生态放水保障措施、生态通道等工程措施,以及长期加强生态跟踪监测等非工程措施,符合工程及区域环境特点,可减免工程对生态环境的不利影响。

4　引水方案环境优化研究

4.1　引水方案比选技术思路

为解决受水区"一区三县"资源性缺水问题,只能从外部调水解决,初选扬黄河水和泾河水自流两种方案,从环境、经济、工程角度综合比选后选定泾河引水方案。泾河引水方案主要从生态环境和经济、工程角度对泾河1 911 m自流引水、1 852 m长洞自流、1 852 m短洞自流方案进行比选,综合比较选定1 911 m自流引水方案。针对该方案多次与可研单位沟通协调,从引水方式方面进行环境比选,结合可研对选定方案引起的水文情势变化和生态环境水量影响进行环境可行性论证。引水方案比选框架见图4-1。

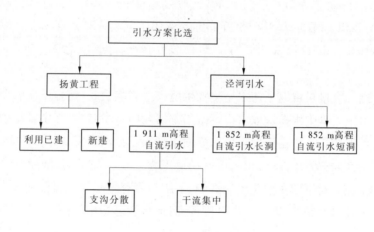

图4-1　引水方案比选框架

4.2　引水水源环境合理性分析

4.2.1　扬黄工程方案

4.2.1.1　利用已建扬黄工程方案

受水区固海扬水和固海扬水扩灌工程位于清水河流域,工程由黄河取水,通过10 ~ 12级泵站以及100多km的干渠扬水到清水河川。供水期为4 ~ 11月。涉及原州区和海原县,其中固海扬水工程在本项目区内的设计流量为2 ~ 10 m³/s,控制高程1 360 ~ 1 480 m,灌溉面积20万亩(1亩 = 1/15 hm²);固海扩灌工程在本项目区内的设计流量为1 ~ 11

m^3/s，控制高程 1 390～1 580 m，灌溉面积 30 万亩。同时，也是宁夏中部干旱带人畜饮水的主要水源。

根据水利部 2008 年批复的《宁夏中部干旱带高效节水补灌工程规划》，采用补水灌溉方式，发展高效节水补灌面积 115 万亩，其中固海、固扩扬水项目区发展高效节水补灌面积 61 万亩，年用水量约 3 300 万 m^3。另外，2008 年开工新建了海原县城新区供水工程，以固海扩灌十一泵站为水源，2020 年需水量 1 374 万 m^3，已建扬黄工程已没有指标和潜力为本工程受水区供水。再者，从工程角度讲，已建扬黄工程最高控制高程低于受水区高程 200 m 以上，即工程净扬程要达到 650 m，距离达 220 km，难以实现。

4.2.1.2 新建扬黄工程方案

新建扬黄工程以黄河为水源，满足受水区需水量的引水流量为 1.65 m^3/s。取水点位于中宁泉眼山附近黄河右岸，取水水位 1 185.00 m，出口点位于固原市南郊，出水水位 1 800.00 m，总提水高度 615 m。布置加压泵站 8 座。输水管道沿固海扬水干渠布置，输水长度 220 km，采用 PCP 管，管径 1.4 m。调蓄工程库容按年总停水时间 60 d 计算，所需调节库容为 655 万 m^3，考虑 30 年淤积 352 万 m^3，总库容取 1 007 万 m^3。新建扬黄工程总投资 200 343 万元，单方水运行成本为 2.1 元/m^3，全成本为 3.9 元/m^3。

工程建设后，直接对黄河干流水生生物生境产生影响，在一定范围内改变了浮游及底栖生物生境，由于工程引水造成取水口下游局部河段内水量减少，浮游及底栖生物生境发生变化，引起种类变化。但由于黄河取水断面水量大于泾河及支沟，因此引水比例相对较小，鱼类生存条件局部发生改变，但与已有扬黄工程存在叠加影响，增加取水口对黄河的水文情势影响，加大对下游鱼类生境的影响，下游是否有敏感保护目标需进一步调查。从工程角度讲，工程输水距离偏远，提灌高度偏高，运行管理费用较高，投资与泾河水方案相比偏高。

综上所述，项目区清水河川的固海扬水和固海扬水扩灌工程没有潜力为本项目受水区提供水量，而新建扬黄方案输水距离偏远，提灌高度偏高，运行管理费用较高，且工程建设后存在对黄河水生生物生境和水文情势的叠加影响，加大对黄河干流水生生境的影响，因此只能考虑泾河引水解决"一区三县"城镇和农村人畜饮水安全问题。

4.2.2 泾河引水方案

泾河引水主要比选方案：①龙潭水库坝下一级电站尾水 1 852 m 高程自流引水长洞方案；②龙潭水库坝下一级电站尾水 1 852 m 高程自流引水短洞方案；③龙潭水库坝上 1 911 m 高程自流引水方案。引水线路比选见表 4-1。

表 4-1 水源工程方案环境影响比选

序号	项目	1 852 m 高程自流引水长洞方案	1 852 m 高程自流引水短洞方案	龙潭水库坝上 1 911 m 高程自流引水方案
1	线路长度(km)	70.76	82.85	74.394
2	隧洞长度(km)	50.606	36.95	36.448
	其中:长洞(km)	48.199	6.06	28.11
3	起始水位/末端水位(m)	1 852.00/1 800.64	1 852.00/1 768.83	1 913.69/1 841.35
4	线路工程地质条件	隧洞IV类围岩为主,有 9 km 穿越下第三系岩体,地质条件比 1 911 m 高程自流引水方案差	输水线路四次穿小黄峁山—三关口—沙南冲断层;有近 15 km 紧贴(距小黄峁山—三关口—沙南断层 1 km)着断裂破碎带,岩体由于受断裂带影响,完整性较差	引水线路位置高,隧洞进出口位置大部分处于山腰,洞内地下水压低,出水量少,其中IV类围岩占隧洞总长的 81.9%,V 类占 18.1%,工程地质条件较好
5	工程布置条件	输水线路最短,建筑物最少,尤其是防洪工程只有 5 处,但线路远离公路,其中有近 15 km 为无人区,地形条件最差,临时工程量大,沿线施工条件差,工程管理点多,管理极为不便	引水线路远离公路,其中有近 20 km 为无人区,地形条件复杂,沿线施工条件最差,临时工程量大,安全隐患多,沿线施工条件差,工程管理点多,极为不便	引水线路基本沿 S203 公路布置,有近 30 km 紧靠公路,施工条件好
6	施工条件	隧洞长,断面小,有地下水,施工难度大	线路长,隧洞长,地形复杂,施工难度大	地形较好,交通方便,管理简单
7	运行管理条件	建筑物少,无压输水,管理简单。自流引水,节能	建筑物多,建筑物多,管理不便。自流引水,节能	引水线路沿公路布置,自流引水,无压+有压输水,管理相对简单。节能
	永久占地面积(亩)	5 757.08	7 284.68	4 434.68

续表 4-1

序号	项目	1 852 m 高程自流引水长洞方案	1 852 m 高程自流引水短洞方案	龙潭水库坝上 1 911 m 高程自流引水方案
8	占用耕地/占用林地(亩)	2 491 /754	2 427.35/1 302.37	3 030/619
9	移民搬迁(人)	768	1 245	1 137
10	陆生生态	(1)敏感生态区域的影响比较:通过自然保护区,要通过泾河源风景名胜区,但和1 911 m高程自流引水方案相比,穿越距离略小。 (2)对动物资源的影响比较少有大型兽类出没,但偶尔会有野猪到农田觅食,由于目前保护区野猪数量非常多,而且移动能力非常强,因此工程对它们和林麝影响不大。现场调查未发现国家重点保护动物金钱豹和林麝的活动痕迹,走访村民也表示多年不见金钱豹,因此工程对它们影响不大。 (3)对水土流失影响比较:该方案隧洞距离较长,修建管道附近多年坡度较缓,因此水土流失影响略小。 (4)生物量损失:本方案线路较短,但施工道路以新修为主,淹没面积也较大,而且工程占用林地面积较大,因此生物量损失相对较大。新建水库,淹没面积最大,工程占用林地面积最大,因生物量损失相对较大,工程导致区域自然系统统计生物量降低3.21万t。	敏感区域和对动物的影响同左,线路最长,对水土流失影响最大。工程占地、植被损失均最大,因此生物量损失最大。地质条件较差,4次穿越断层,工程存在不安全风险。	(1)敏感区域:涉及自然保护区。有 2 km管线穿过风景名胜区,对景区会产生一定影响。 (2)动物资源影响:该方案和1 852 m高程自流引水方案类似,沿线被植被类型类似,因此动物资源种类和数量相差不大,故对它们的影响也类似。 (3)该方案隧洞距离较短,修建管道段大多坡度较大,因此水土流失影响略大。 (4)生物量:工程施工导致区域自然系统统计生物量降低2.57万t。
11	工程投资(万元)	184 476.69	172 070.05	169 887.78
12	年费用(万元)	19 221.86	40 398.35	17 523.95
13	单位运行成本(元/m³)	0.7	0.75	0.69

续表 4-1

序号	项目	1 852 m高程引水长洞方案	1 852 m高程自流引水短洞方案	龙潭水库坝上1 911 m高程自流引水方案
14	优点	(1)输水线路短,比1 911 m高程自流引水方案短3.634 km;建筑物少,尤其是防洪工程只有5处,以无压倒虹吸为主,运行管理相对简单。 (2)龙潭一级电站发电不受影响。 (3)从移民角度看,该方案移民数量较龙潭水库坝上1 911 m高程自流引水方案少369人	(1)单洞长度一般控制在5 km以内,便于施工。 (2)基本不涉及龙潭水库的改造和龙潭一级电站的发电。 (3)龙潭一级电站发电不受影响。	(1)引水线路位置较高,充分利用地势优势,优先考虑自流,然后再用泵站扬水。 (2)隧洞工程地质条件相对较好。 (3)引水线路基本沿203省道布置,有近30 km紧靠公路,施工条件好,交通方便,管理简单。 (4)投资相对低,大部分供水工程可自流供水,运行成本低
15	缺点	(1)隧洞总长50 km,隧洞断面小,长洞多,支洞多,且施工条件较差。 (2)隧洞地质条件以IV类围岩为主,穿越下第三系岩体,地质条件比1 911 m高程自流引水方案差,地下隧洞长,投资可控性差。 (3)输水末端水位1 800.64 m,比1 911 m高程自流方案40.71 m,供给用户需扬水,增加用户运行成本。 (4)虽然线路最短,但隧洞长,导致投资偏高。 (5)工程区大多处于人烟稀少地区,施工需新修隧道路,施工用水、用电等均不便利。 (6)涉及自然保护区	(1)沿线工程地质条件差,越小黄弨山一关口一沙口南冲断层,从工程安全角度不可行。 (2)输水线路相对1 911 m高程自流引水方案长,对植被和生物量破坏相对较大。 (3)短洞绕线,引水线路最长,输水末端水位低,用户需再加压,增加运行成本。 (4)总线路长,投资偏大。 (5)涉及自然保护区	(1)单个隧洞偏长,断面小,长洞钻爆法施工效率较低,如果采用盾构机械化施工,施工效率高,但盾构投造价高,工期长,投资可控性差。 (2)龙潭一级电站报废,涉及位于自然保护区龙潭水位的加固改造。 (3)从移民角度看,该方案移民数量较龙潭水库坝下1 852 m高程自流引水方案移民数量增加。 (4)涉及自然保护区
16	方案推荐意见	1 911 m高程自流取水方案工程占地面积和生物量损失较小,投资也相对较少,因此本研究推荐1 911 m高程自流引水方案		

4.3 泾河 1 911 m 高程自流引水方式环境合理性分析

多次和设计单位沟通协调,从引水区河流分布及水文资料分析,干流水量相对较大,如果减少截引点,位置下移,从干流引水,其引水可靠性会有所提高。为此,结合本项目推荐 1 911 m 高程自流支沟分散引水方案的总体布局,提出干流集中引水方案的调整布置及合理性分析,本节仅重点介绍干流集中引水工程概况,并对该两方案环境影响进行分析,详见表4-2。

表 4-2　1 911 m 高程支沟引水和干流集中引水方案比选

项目	支沟分散引水	干流集中引水
工程概况	截引点共5个,分别为策底河上石咀子截引点、泾河上红家峡截引点、暖水河上白家沟截引点、颉河上清水沟截引点和卧羊川截引点。 加压泵站3座:暖水河水库坝后2座加压泵站和石咀子加压泵站	与 1 911 m 高程支沟分散引水相比,截引点调整为 4 个,增加 5 座加压泵站,具体如下: (1)泾河干流红家峡、黄林寨截引点合并到沙南(宁甘省界)引水,然后扬水 320 m 进主管线,新建 3 级加压泵站; (2)暖水河上白家沟截引点下移到入暖水河干流,然后新建加压泵站扬入暖水河水库,净扬程 45 m,新建加压泵站设计流量 0.05 m³/s; (3)颉河上清水沟和卧羊川合到清水沟入颉河干流的汇入点上清水沟附近,然后新建加压泵站扬入主管线,设计引水流量 1.1 m³/s,需扬水 121 m
工程投资	169 887.78 万元	与支沟分散取水方案相比,投资增加 15 770 万元
运行成本	每立方米水运行成本 0.69 元,每立方米水全成本 1.77 元	与支沟分散取水相比,每立方米水运行成本增加 0.21 元,每立方米水全成本 0.29 元
生态影响	(1)鱼类:截引点后水量减少,鱼类生存环境发生改变,鱼类群落结构多样性降低,大坝阻隔阻碍洄游性鱼类洄游通道。截引点下流量减少,水体纳污能力减小,鱼类生存环境将会进一步恶化; (2)其他生物:截引点下游水量减小,不利于浮游植物生长,底栖动物生境发生变化,引起种类和数量的变化; (3)但根据现场查勘和实测数据,支沟水量较小,鱼类和水生生物匮乏,不会造成较大影响	干流引水方案引水量占干流径流量的比例不变,对干流水文情势的影响变化较小,对支沟水文情势和水生态系统的影响明显减小,但干流水生生物相对支沟来讲丰富,直接在干流修建溢流坝,对干流水生生物的阻隔作用显著
运行管理	管理相对简单	增加泵站 5 座,管理人员需增加 34 人,管理难度加大,运行更加复杂
综合分析	综上所述,从生态、运行管理和投资共同确定,支沟取水方案优于集中引水。因此,研究推荐支沟取水方案	

4.4 1 911 m 高程支沟引水穿自然保护区输水线路替代方案分析

工程输水段穿越自然保护区,提出两种输水线路方案:

方案一,即现研究设计输水线路方案。管道穿越 312 国道、福银高速公路各 1 处,沿途布设截引工程 3 处,工程直接费 1.44 亿元。

方案二,即避让保护区方案,从东西片保护区中间非保护区域绕行。输水段线路总长 15 600 m,其中隧洞 1 座,总长 15 100 m,最大埋深 160 m;其余为管道,总长 500 m。管道穿越 312 国道、福银高速公路各 1 处,沿途布设截引工程 3 处仍处于保护区内,由于主管线高程增加,从高程上讲需新增泵站 3 座,截引支线 10 000 m,最大扬程 380 m,工程直接费 2.19 亿元。

线路比较结论:方案二与方案一相比:①输水主管线上移后,引起工程投资 7 500 万元(直接费);②如果将位于保护区内的 3 处截引点全部上移,与已有东山坡引水工程截引点重叠,无水可截;若仍维持原截引位置,仍位于保护区内,且需扬水入主管线,年增加电费 40 万元。③主管线上移后与福银高速公路交叉为隧洞与隧洞,从工程上讲施工难度非常大。综合比较,方案二从工程上讲可能性不大,投资上不如方案一节省。方案一虽然穿越自然保护区,但影响仅限于施工期,且隧洞埋深较大,不会对自然保护区植被需水产生大的影响,采取环境保护措施后能够最大限度地减免对自然保护区的影响。

综上所述,本阶段推荐方案一。

4.5 1 911 m 高程支沟引水方案优化过程

本工程引水区地处泾河源头区,且涉及六盘山自然保护区,生态环境敏感,环评单位接受宁夏水务投资集团有限公司委托时,工程方案共 11 个截引点(不含龙潭水库和暖水河水库),生态水量按照逐月来水量的 10% 进行下泄,工程对水生生境的影响面大,河流及支沟生态水量难以保证,非汛期引水量偏大。经过环评单位多次和可研单位沟通协调后,可研单位逐步接受环评单位建议,最终将截引点优化到 5 个截引点(不含龙潭水库和暖水河水库),生态水量按照多年平均径流量的 10% 进行下泄,龙潭水库、红家峡、石咀子截引点汛期引水量增加 50%,非汛期引水量减小 30%,在一定程度上缩减了水生生境的影响面和影响程度,从工程角度进一步优化了工程建设对环境的影响,最初引水过程见图 4-2,优化后引水过程见图 4-3,最初工程引水方案详见附图 8,优化后工程引水方案详见附图 9,最初工程引水方案下泄生态水量满足程度分析见表 4-3,优化后工程引水方案下泄生态水量满足程度分析见表 4-4。

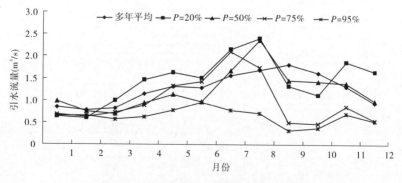

图 4-2 最初输水工程典型年引水过程线

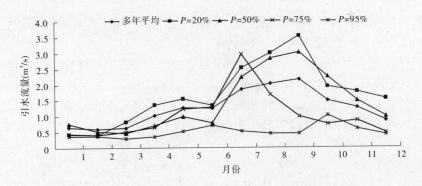

图4-3 优化后输水工程典型年引水过程线

表4-3 最初工程引水方案下泄生态水量满足程度分析

序号	典型年	所属水系	截引点	下泄水量			天然来水量	
				满足月份数	满足比例（%）	全年不能满足的月份	满足月份数	满足比例（%）
1	多年平均	泾河干流	龙潭水库	9	75	1、2、3	12	100
			兰大庄	7	58.33	1、2、3、4、12	12	100
			黄林寨	8	66.67	1、2、3、12	12	100
			红家峡	8	66.67	1、2、3、12	12	100
		策底河	石咀子	10	83.33	2、3	12	100
		暖水河	暖水河	8	66.67	1、2、3、12	12	100
			白家沟	9	75	1、2、3	12	100
		颉河	清水沟	7	58.33	1、2、3、5、12	12	100
			卧羊川	5	41.67	1、2、3、5、6、11、12	12	100
2	P=75%	泾河干流	龙潭水库	5	41.67	1、2、3、4、8、11、12	12	100
			兰大庄	3	25	1、2、3、4、8、9、10、11、12	12	100
			黄林寨	3	25	1、2、3、4、8、9、10、11、12	12	100
			红家峡	3	25	1、2、3、4、8、9、10、11、12	12	100
		策底河	石咀子	8	66.67	1、2、3、4	12	100
		暖水河	暖水河	2	16.67	1、2、3、4、5、6、7、9、11、12	12	100
			白家沟	3	25	1、2、3、4、5、6、7、11、12	12	100
		颉河	清水沟	2	16.67	1、2、3、4、5、6、7、9、11、12	12	100
			卧羊川	2	16.67	1、2、3、4、5、6、7、9、11、12	12	100

序号	典型年	所属水系	截引点	下泄水量			天然来水量	
				满足月份数	满足比例（%）	全年不能满足的月份	满足月份数	满足比例（%）
3	$P=95\%$	泾河干流	龙潭水库	3	25	1、2、3、4、5、7、8、11、12	12	100
			兰大庄	1	8.33	1、2、3、4、5、6、7、8、9、11、12	12	100
			黄林寨	2	16.67	1、2、3、4、5、7、8、9、11、12	12	100
			红家峡	1	8.33	1、2、3、4、5、6、7、8、9、11、12	12	100
		策底河	石咀子	5	41.67	1、2、3、4、5、7、8	12	100
		暖水河	暖水河	1	8.33	1、2、3、4、5、6、7、8、9、11、12	12	100
			白家沟	0	0	1~12	12	100
		颉河	清水沟	0	0	1~12	12	100
			卧羊川	0	0	1~12	12	100

表4-4　优化后工程引水方案下泄生态水量满足程度分析

序号	典型年	截引点	下泄水量		天然来水量	
			满足月份数	满足比例（%）	满足月份数	满足比例（%）
1	多年平均	龙潭水库	12	100	12	100
		红家峡	12	100	12	100
		石咀子	12	100	12	100
		暖水河	12	100	12	100
		白家沟	12	100	12	100
		清水沟	12	100	12	100
		卧羊川	12	100	12	100
2	$P=20\%$	龙潭水库	12	100	12	100
		红家峡	12	100	12	100
		石咀子	12	100	12	100
		暖水河	12	100	12	100
		白家沟	12	100	12	100
		清水沟	12	100	12	100
		卧羊川	12	100	12	100

序号	典型年	截引点	下泄水量		天然来水量	
			满足月份数	满足比例(%)	满足月份数	满足比例(%)
3	$P=50\%$	龙潭水库	12	100	12	100
		红家峡	12	100	12	100
		石咀子	12	100	12	100
		暖水河	12	100	12	100
		白家沟	12	100	12	100
		清水沟	12	100	12	100
		卧羊川	12	100	12	100
4	$P=75\%$	龙潭水库	12	100	12	100
		红家峡	12	100	12	100
		石咀子	12	100	12	100
		暖水河	12	100	12	100
		白家沟	12	100	12	100
		清水沟	12	100	12	100
		卧羊川	12	100	12	100
5	$P=95\%$	龙潭水库	12	100	12	100
		红家峡	12	100	12	100
		石咀子	12	100	12	100
		暖水河	12	100	12	100
		白家沟	12	100	12	100
		清水沟	12	100	12	100
		卧羊川	12	100	12	100

4.6 引水方案环境合理性分析

工程建设运行后,水文情势分析结果表明,不同典型年条件下,泾河干流各截引点逐月水量截引比例范围为 21.57% ~ 84.52%,逐月水量减少比例范围为 23.33% ~ 90.27%;策底河截引点逐月水量截引比例范围为 0 ~ 76.47%,逐月水量减少比例范围为 0.97% ~ 83.13%;暖水河截引点逐月水量截引比例范围为 4.41% ~ 92.35%,逐月水量减少比例范围为35.44%～93.23%；颉河各截引点逐月水量截引比例为0～17.21%，逐月水量减少比例范围为59.23%～94.78%。

此外，根据各截引点下泄水量过程，分析各截引点生态需水量满足程度（详见生态水量章节），工程建设后，多年平均及典型年情况下，各截引点及水库逐月生态水量均能得到满足，枯水月泾河、暖水河、颉河干流及支沟截引断面下泄水量刚刚能满足生态水量需求，策底河石咀子断面下泄水量相对生态水量来说比较富裕。

综上分析，通过对引水方案优化后，最终确定引水方案能够满足生态水量需求，多年平均及典型年情况下引水过程基本合理。

5　水环境影响与保护措施研究

5.1　水文情势影响分析

以宁夏固原地区(宁夏中南部)城乡饮水安全水源工程可行性研究报告(简称可研报告)中不同典型年条件下各截引点及省界断面现有来水过程、截引过程、水量下泄过程以及上游东山坡工程引水过程等数据为基础资料,通过计算泾河干流、策底河、暖水河和颉河水系上各截引点的水量截引比例及水量减少比例,重点分析本工程自身造成的影响以及考虑上游其他工程引水及宁夏当地河道外需水等因素导致的累积影响;通过计算各截引河流省界断面的年水量截引比例、上游宁夏引水比例以及省界断面水量下泄比例,重点分析本工程截引对下游省界断面造成的水文情势影响;通过计算各截引河流下游水利工程的水量截引比例,分析本工程引水对该水利工程的影响,进而分析本工程截引水量对下游甘肃省水量以及对下游甘肃省泾河干流的影响。

5.1.1　截引点与省界断面基本情况及资料说明

5.1.1.1　截引点基本情况

截引点所处山洪沟道比降较陡,以兰大庄、黄林寨、红家峡、石咀子、白家沟、卧羊川截引点为例,其中兰大庄截引点沟道比降为1/75,黄林寨为1/50,红家峡为1/68,石咀子为1/42,白家沟为1/70,卧羊川为1/50,其所对应的流速较大,达到1.041~1.647 m/s,按照区域极端低气温,流速远远超过结冰流速,加之各山洪沟道冬季水温为5~10 ℃,所以在冬季,截引点所处沟道的水是流动的,不会影响本工程冬季引水。

工程引水区为泾源县境内的泾河水系,包括泾河干流及其主要支流策底河、暖水河和颉河,工程共设定截引断面7个(含龙潭水库和暖水河水库),多年平均调水量3 980万m³。其中,泾河干流及其支沟布设截引点2个(含龙潭水库),取水量2 168万m³;暖水河干流及其支沟布设截引点2个(含暖水河水库),取水量788万m³;策底河干流布设截引点1个,取水量481万m³;颉河干流及其支沟布设截引点2个,取水量543万m³。

各截引点基本情况详见表5-1,截引点下游最近汇入河流的支沟基本情况见表5-2。

5.1.1.2　资料系列来源及计算说明

1)资料系列来源

引水区现有泾河源、三关口水文站。其中,泾河源水文站位于泾源县泾河源镇,属黄河流域泾河水系泾河上游控制站,亦为六盘山东麓区域代表站;三关口水文站位于泾源县六盘山镇三关口村,属黄河流域泾河水系一级支流颉河控制站,也是六盘山东侧半湿润石山林区代表站。

径流选用泾河源水文站为泾河干流、策底河区域代表站,三关口水文站为暖水河、颉河区域代表站,两代表站下垫面条件与相应流域相近,具有代表性。资料不足的年份采用降水—径流相关法插补,两站资料均插补到 1956 年。

表 5-1　各截引点基本情况

序号	取水点	所在水系	发源地	源头海拔（m）	沿线村镇	出口
1	龙潭水库	泾河干流			泾河源镇,以及马庄、河北、十里滩、下九社、沙南等 5 个村	
2	红家峡	泾河二级支沟	石坎沟	2 500	兴盛乡,以及红家峡、西大庄、大寺庄、德成庄、金星、胡果庄、南庄、下金等 8 个村庄	于下九社入香水河
3	石咀子	策底河干流	老鸦沟	2 300	八家人、高家沟、三合庄、赵家川、石咀子、张家台等 6 个村庄	于董家塬入甘肃省境内
4	暖水河	暖水河干流	石渠	2 450	暖水、南台、西沟、松树台、米缸、惠台、上窑庄、下窑庄、上刘家庄、下刘家庄、罗家滩、下寺、沙塘川等 13 个村庄	于沿川子出境进入甘肃省境内
5	白家沟	暖水河一级支流下峡沟	顿家川	2 220	顿家川、李家庄、马西坡、白家高庄、下河等 5 个村庄	于下寺下游 2 km 处入暖水河
6	清水沟	颉河一级支流清水沟	白银寺沟	2 300	东山坡、大庄、半个山、太阳洼等 4 个村庄。在东山坡南侧有一条支沟,主要有祁家沟、五保沟、上海子、下海子等 4 个小村庄,在太阳洼汇入清水沟	于下清水沟处入颉河
7	卧羊川	颉河干流	龙王庙沟	2 460	棉柳滩、刘家沟、周家沟、黎家磨、什字路(六盘山镇)、卧羊川、三关口、蒿店等 8 个村庄	于蒿店下游 5 km 处的苋麻湾入甘肃省境内

表 5-2　截引点下游最近汇入河流的支沟基本情况

截引点名称	距截引点位置		面积（km²）	径流深（mm）	多年平均径流量（万 m³）
	沟名	位置			
石咀子	新民沟	截引点下游右岸 2 km	47.5	250	1 188
龙潭水库	南沟	截引点下游右岸 2 km	6.35	220	140
红家峡	新旗	截引点下游右岸 2.5 km	6.1	250	153
白家沟	石窑沟	截引点下游左岸 1.5 km	8.6	180	155
暖水河水库	黑眼湾	截引点下游右岸 1.2 km	1.1	180	20
清水沟	五保沟	截引点下游右岸 2 km	16	140	224
卧羊川	瓦亭沟	截引点下游左岸 4.5 km	137	120	1 644

点绘三关口、泾河源水文站年降水与天然径流关系曲线,各站点据基本在关系线两侧分布,没有出现点据向一侧明显偏离,说明代表站以上区域年降水与天然径流相关关系较好,径流插补成果比较可靠。由三关口、泾河源水文站长系列径流模比系数差积曲线可知,各站 1956～2008 年系列为一个完整的丰、平、枯水变化周期,具有较好的代表性;2000 年以后代表站持续偏枯,1956～2000 年的枯水年不够完整;1979～2008 年系列中,三关口水文站仅有平、枯变化,泾河源水文站仅有丰、枯变化,代表性不好。

因此,本次影响分析采用 1956～2008 年资料系列。

2)计算说明

截引区共有 7 个设计断面,均不存在实际的监测断面和监测资料,故无法按照常规预测方法对各截引点所在截引支沟的流速、水位等因子进行影响预测分析。此外,将计算得到的各截引点的径流量换算成流量后,数值很小,计算误差较大,小数点的保留位数不同也可能会对预测结果造成很大影响,而对各截引点径流量分析的结果和流量分析的结果在影响预测的结论上是完全一致的,故本次影响预测主要以径流量代替流量进行水文情势影响分析。

5.1.2 泾河干流水文情势影响分析

5.1.2.1 泾河干流各截引点水文情势影响分析

泾源县泾河干流及其支沟由南到北共布设龙潭水库和红家峡 2 个截引点。其中,不同典型年条件下泾河干流水系各截引点截引水量影响分析结果见表 5-3,各截引点下游水量减少比例分析结果见表 5-4。

表 5-3 泾河干流水系各截引点截引水量影响分析结果

截引点	典型年	全年比例(%)	最大月影响比例		最小月影响比例	
			最大值(%)	对应月份	最小值(%)	对应月份
龙潭水库	多年平均	47.97	72.61	4	35.06	7
	$P = 20\%$	45.43	85.74	11	20.79	8
	$P = 50\%$	54.77	82.99	9	25.79	7
	$P = 75\%$	60.68	72.72	8	51.70	2
	$P = 95\%$	62.25	74.47	10	39.82	9
红家峡	多年平均	42.12	68.48	12	29.94	7
	$P = 20\%$	39.68	78.87	12	0	2
	$P = 50\%$	43.76	69.11	9	20.16	7
	$P = 75\%$	44.83	61.61	11	13.41	10
	$P = 95\%$	41.15	60.37	11	6.31	9
泾河干流	多年平均	47.31	71.68	4	34.48	7
	$P = 20\%$	44.77	84.52	12	21.57	8
	$P = 50\%$	53.53	81.43	9	25.15	7
	$P = 75\%$	58.91	70.19	8	49.08	10
	$P = 95\%$	59.93	71.60	10	36.12	9

表5-4 泾河干流水系各截引点下游水量减少比例分析结果

截引点	典型年	全年比例（％）	最大月影响比例		最小月影响比例	
			最大值（％）	对应月份	最小值（％）	对应月份
龙潭水库	多年平均	51.94	73.71	4	38.36	7
	$P=20\%$	48.38	86.80	11	22.22	8
	$P=50\%$	59.27	90.28	9	27.54	7
	$P=75\%$	66.98	84.41	8	55.28	2
	$P=95\%$	72.75	85.41	10	58.22	3
红家峡	多年平均	54.43	76.63	12	39.29	7
	$P=20\%$	48.68	85.05	12	0	2
	$P=50\%$	57.63	90.24	9	25.06	7
	$P=75\%$	64.60	84.24	8	54.84	2
	$P=95\%$	71.22	80.78	10	57.03	3
泾河干流	多年平均	52.22	73.42	4	38.46	7
	$P=20\%$	48.41	86.15	12	23.33	8
	$P=50\%$	59.08	90.27	9	27.26	7
	$P=75\%$	66.71	84.39	8	55.23	2
	$P=95\%$	72.58	84.90	10	58.09	3

由表5-3、表5-4可知，不同典型年条件下，泾河干流各截引点逐月水量截引比例范围为21.57%~84.52%，逐月水量减少比例范围为23.33%~90.27%。其中：

（1）龙潭水库截引点逐月水量截引比例范围为20.79%~85.74%，逐月水量减少比例范围为22.22%~90.28%。红家峡截引点逐月水量截引比例范围为0~78.87%，逐月水量减少比例范围为0~90.24%。

（2）泾河干流及其支沟上各截引点水量减少比例均大于甚至远远大于该截引点的水量截引比例，这是因为河道内水量的减少，一部分是由于本工程引起的，另一部分则是由于在下泄水量中已经扣除了当地河道外需水量。

（3）在龙潭水库截引点下游2 km、红家峡截引点下游2.5 km处，分别存在着南沟、上黄林寨沟、新旗等支流，多年平均月均径流量分别为11.67万 m^3、4.75万 m^3、12.75万 m^3，沿途支流水量的陆续汇入，对下游河道水量的补充起着重要作用，也会在一定程度上降低上游引水对下游河道的水文情势影响。

总体来看，不同典型年条件下，工程截引并扣除河道外需水量后，泾河干流及其支沟上各截引点下泄水量过程和天然来水过程的变化趋势基本一致。其中，水量变化比例较小的月份集中在7、8月，9~12月的引水比例明显偏大，水文情势影响程度较大。此外，由于泾河干流各截引点下游支流水量的持续汇入，下游河道的水文情势影响将会逐渐减少。

5.1.2.2 泾河干流省界断面水文情势影响分析

泾河干流出境断面年引水比例分析见表5-5；不同来水频率条件下，泾河干流出境断面逐月引水比例分析结果详见表5-6。

由表5-5、表5-6可知：多年平均条件下，泾河干流出境（宁甘省界）断面水量约为

10 491万 m^3,本工程截引比例为 20.67%,出境断面引水比例达到 31.63%;20%、50%、75% 及 95% 来水频率下,本工程截引比例分别为 19.86%、23.17%、24.86% 和 23.96%,出境断面引水比例分别为 28.09%、34.85%、40.83% 和 50.38%。

表 5-5　不同典型年条件下泾河干流出境断面引水比例分析　　（%）

序号	典型年	截引比例	宁夏用水比例	下泄比例
1	多年平均	20.67	31.63	68.37
2	$P = 20\%$	19.86	28.09	71.91
3	$P = 50\%$	23.17	34.85	65.15
4	$P = 75\%$	24.86	40.83	59.17
5	$P = 95\%$	23.96	50.38	49.62

表 5-6　不同来水频率条件下泾河干流出境断面逐月引水比例分析结果　　（%）

序号	来水频率	月份	截引比例	宁夏用水比例	下泄比例
1	多年平均	1	20.67	37.42	62.58
		2	17.54	35.13	64.87
		3	17.78	34.25	65.75
		4	29.22	41.37	58.63
		5	27.82	44.97	55.03
		6	28.99	47.54	52.46
		7	22.05	31.55	68.45
		8	18.97	26.59	73.41
		9	16.39	23.13	76.87
		10	15.69	25.85	74.15
		11	21.73	30.20	69.80
		12	23.05	36.47	63.53
		合计	20.67	31.63	68.37
2	$P = 20\%$	1	15.72	45.30	54.70
		2	10.46	28.83	71.17
		3	16.77	36.56	63.44
		4	53.10	70.03	29.97
		5	34.16	72.21	27.79
		6	28.38	56.61	43.39
		7	25.40	34.51	65.49
		8	11.76	15.23	84.77
		9	14.62	17.60	82.40
		10	22.76	32.16	67.84
		11	35.19	44.09	55.91
		12	43.40	55.51	44.48
		合计	19.86	28.09	71.91

序号	来水频率	月份	截引比例	宁夏用水比例	下泄比例
3	$P = 50\%$	1	44.72	66.84	33.16
		2	33.14	58.83	41.17
		3	30.46	57.47	42.53
		4	18.77	28.99	71.01
		5	10.23	18.01	81.99
		6	11.48	23.59	76.41
		7	63.85	83.52	16.48
		8	59.65	77.50	22.49
		9	22.76	31.73	68.27
		10	14.99	23.47	76.53
		11	13.69	21.00	79.00
		12	13.27	24.20	75.80
		合计	23.17	34.85	65.15
4	$P = 75\%$	1	22.52	45.36	54.64
		2	15.20	38.42	61.58
		3	16.83	38.77	61.22
		4	16.08	27.36	72.64
		5	48.99	76.95	23.05
		6	19.33	30.31	69.69
		7	47.92	58.45	41.55
		8	25.49	44.20	55.80
		9	18.38	41.16	58.84
		10	9.86	27.48	72.52
		11	15.06	24.92	75.08
		12	19.32	37.93	62.07
		合计	24.86	40.83	59.17
5	$P = 95\%$	1	29.08	58.87	41.13
		2	27.71	55.56	44.44
		3	20.14	47.20	52.80
		4	16.93	34.86	65.14
		5	25.81	58.23	41.77
		6	18.46	34.37	65.63
		7	17.90	42.23	57.77
		8	18.94	52.49	47.51
		9	11.26	49.22	50.78
		10	46.00	77.04	22.96
		11	37.82	63.19	36.81
		12	31.58	60.56	39.43
		合计	23.96	50.38	49.62

5.1.3 策底河水文情势影响分析

5.1.3.1 策底河截引点水文情势影响分析

策底河干流设有石咀子1个截引点,故将石咀子截引点作为策底河的代表断面进行水文情势影响分析。不同典型年条件下策底河石咀子截引点逐月水量截引比例及水量减少比例分析结果见表5-7和表5-8。

表5-7 不同典型年条件下策底河石咀子截引点逐月水量截引比例分析结果

截引点	典型年	全年比例(%)	最大月影响比例		最小月影响比例	
			最大值(%)	对应月份	最小值(%)	对应月份
石咀子	多年平均	25.15	55.96	2	15.59	10
	$P=20\%$	16.79	67.49	5	0	9~12
	$P=50\%$	43.66	76.47	1	14.34	7
	$P=75\%$	48.01	74.58	8	30.93	7
	$P=95\%$	32.42	38.90	11	25.43	9

表5-8 不同典型年条件下策底河石咀子截引点逐月水量减少比例分析结果

截引点	典型年	全年比例(%)	最大月影响比例		最小月影响比例	
			最大值(%)	对应月份	最小值(%)	对应月份
石咀子	多年平均	28.12	56.95	2	18.87	8
	$P=20\%$	18.98	77.62	5	0.97	10
	$P=50\%$	47.02	80.24	9	15.63	7
	$P=75\%$	52.73	83.13	8	32.97	7
	$P=95\%$	40.29	47.49	7	33.39	3

由表5-7和表5-8可以看出:

(1)不同典型年条件下,石咀子截引点年水量截引比例为16.79%~48.01%,逐月水量截引比例为0~76.47%;石咀子截引点年水量减少比例为18.98%~52.73%,逐月水量减少比例为0.97%~83.13%。

(2)石咀子截引点下游水量的减少,除本工程截引外,还有当地河道外需水量的影响,因此河道水量减少比例均大于该截引点的水量截引比例。

(3)在石咀子截引点下游2 km处,仍有新民沟等支流沿途陆续汇入,多年平均月均径流量99.0万 m³,将大大降低对截引点下游河道的水文情势影响。

总体来看,策底河石咀子截引点遵循了"丰增枯减"的原则,7、8月丰水期引水比例较高,10~12月枯水期引水比例较小。此外,由于石咀子截引点下游2 km处支流水量的大量汇入,上游工程引水不会对该支流下游河道水文情势造成大的影响。

5.1.3.2 策底河省界断面水文情势影响分析

不同典型年条件下策底河出境断面引水比例分析结果见表5-9,不同来水频率条件下策底河出境断面逐月引水比例分析结果详见表5-10。

由表5-9、表5-10可知:多年平均条件下,策底河出境(宁甘省界)断面年水量约为2 568万 m³,策底河拟引水量480.61万 m³,计入河道外需水量59.81万 m³,本工程截引比例为18.72%,出境断面引水比例达到21.04%;20%、50%、75%及95%来水频率下,本工程截引比例分别为12.50%、32.48%、35.73%和24.12%,出境断面引水比例分别为14.22%、34.99%、39.24%和30.23%。

表5-9 不同典型年条件下策底河出境断面引水比例分析结果 （%）

序号	典型年	截引比例	宁夏用水比例	下泄比例
1	多年平均	18.72	21.04	78.96
2	$P=20\%$	12.50	14.22	85.78
3	$P=50\%$	32.48	34.99	65.01
4	$P=75\%$	35.73	39.24	60.76
5	$P=95\%$	24.12	30.23	69.77

表5-10 不同来水频率条件下策底河出境断面逐月引水比例分析结果 （%）

来水频率	月份	截引比例	宁夏用水比例	下泄比例
多年平均	1	39.32	40.99	59.01
	2	39.87	41.77	58.23
	3	39.90	41.74	58.26
	4	39.10	40.06	59.94
	5	25.40	29.43	70.57
	6	21.36	25.30	74.70
	7	12.31	14.15	85.85
	8	12.00	14.07	85.93
	9	13.21	15.45	84.55
	10	11.67	14.83	85.17
	11	25.00	25.81	74.19
	12	25.45	26.71	73.29
	合计	18.72	21.04	78.96
$P=20\%$	1	36.61	39.38	60.62
	2	38.00	40.62	59.41
	3	43.63	45.73	54.27
	4	43.53	44.28	55.72
	5	50.23	59.21	40.79
	6	45.59	54.73	45.27
	7	21.64	23.37	76.63
	8	9.29	10.07	89.93
	9	0	1.13	98.87
	10	0	3.66	96.34
	11	0	0.73	99.27
	12	0	0.75	99.25
	合计	12.50	14.22	85.78

来水频率	月份	截引比例	宁夏用水比例	下泄比例
$P = 50\%$	1	56.90	58.09	41.91
	2	50.33	51.98	48.03
	3	48.11	49.92	50.08
	4	53.89	55.18	44.82
	5	40.43	46.50	53.50
	6	50.75	58.84	41.16
	7	10.67	11.63	88.37
	8	40.62	43.54	56.46
	9	55.74	59.70	40.30
	10	31.46	35.88	64.12
	11	55.85	57.12	42.88
	12	49.34	51.05	48.95
	合计	32.48	34.99	65.01
$P = 75\%$	1	52.69	54.93	45.07
	2	32.81	34.88	65.13
	3	35.46	37.38	62.62
	4	29.51	30.39	69.61
	5	50.71	57.71	42.29
	6	14.81	16.61	83.39
	7	52.43	55.88	44.12
	8	63.05	70.28	29.72
	9	46.35	54.73	45.27
	10	31.71	39.53	60.47
	11	38.92	39.99	60.01
	12	31.24	32.51	67.49
	合计	35.73	39.24	60.76
$P = 95\%$	1	25.18	27.13	72.87
	2	25.35	27.29	72.72
	3	22.57	24.85	75.15
	4	24.86	26.85	73.13
	5	24.81	33.99	66.02
	6	19.75	26.34	73.66
	7	25.79	35.33	64.67
	8	23.97	34.89	65.11
	9	18.92	33.93	66.07
	10	24.51	30.47	69.53
	11	28.95	30.43	69.57
	12	26.19	28.03	71.98
	合计	24.12	30.23	69.77

5.1.4 暖水河水文情势影响分析

5.1.4.1 暖水河各截引点水文情势影响分析

1）暖水河水库蓄水初期

在暖水河水库蓄水期，库区水位逐渐抬升，水库水深从坝前至库尾均有不同程度的增加，水库正常蓄水位1 838.60 m，设计淤积面高程1 822.00 m，水位变幅16.60 m；水库蓄水期库区水流流速减缓，库区水面面积增加，水面增发加剧，同时由于库区水位升高，库区周边地下水位也会相应抬高。

2）暖水河水库运行期

暖水河包括暖水河水库和白家沟2处截引工程，其中白家沟可利用量已扣除东山坡引水工程引水量。不同典型年条件下暖水河各截引点水量逐月截引比例及水量减少比例分析结果见表5-11、表5-12；白家沟（东山坡）各典型年逐月水量分析结果见表5-13和图5-1。

表5-11 暖水河各截引点水量逐月截引比例分析结果

截引点	典型年	全年比例（%）	最大月影响比例		最小月影响比例	
			最大值（%）	对应月份	最小值（%）	对应月份
暖水河截引点	多年平均	65.91	84.12	12	47.37	9
	$P=20\%$	76.35	92.10	11	57.65	6
	$P=50\%$	74.82	92.35	11	54.16	1
	$P=75\%$	69.33	84.55	11	55.32	8
	$P=95\%$	61.88	74.89	9	44.68	5
白家沟	多年平均	26.68	42.03	3	15.58	9
	$P=20\%$	28.62	44.70	4	20.71	9
	$P=50\%$	24.69	40.09	12	16.65	10
	$P=75\%$	31.19	48.03	11	17.54	8
	$P=95\%$	22.68	36.42	11	4.41	5
暖水河	多年平均	55.90	72.32	3	39.25	9
	$P=20\%$	64.16	76.98	11	48.86	6
	$P=50\%$	62.01	77.24	12	44.70	1
	$P=75\%$	59.60	75.23	11	45.68	8
	$P=95\%$	51.87	64.55	9	34.39	5

表 5-12　暖水河各截引点水量逐月减少比例分析结果

截引点	典型年	全年比例（%）	最大月影响比例		最小月影响比例	
			最大值（%）	对应月份	最小值（%）	对应月份
暖水河截引点	多年平均	68.94	85.85	12	49.53	9
	$P=20\%$	78.56	93.00	11	60.26	6
	$P=50\%$	78.12	93.23	11	59.40	1
	$P=75\%$	74.05	87.18	9	58.08	8
	$P=95\%$	70.49	82.98	9	62.47	5
白家沟	多年平均	57.87	80.56	3	35.44	9
	$P=20\%$	60.80	82.90	1	47.74	9
	$P=50\%$	58.76	77.63	12	42.67	10
	$P=75\%$	69.43	86.16	11	40.67	8
	$P=95\%$	71.19	82.70	9	62.50	5
暖水河	多年平均	66.12	83.63	3	45.93	9
	$P=20\%$	74.03	87.31	12	57.56	6
	$P=50\%$	73.17	87.68	12	59.40	1
	$P=75\%$	72.87	86.27	11	53.64	8
	$P=95\%$	70.67	82.91	9	62.48	5

由表 5-11 和表 5-12 可以看出,在不同典型年条件下,暖水河年截引比例为51.87% ~64.16%,逐月水量截引比例为 34.39% ~77.24%,逐月水量减少比例范围为45.93% ~87.68%。其中:

(1)暖水河截引点逐月水量截引比例为 44.68% ~92.35%,逐月水量减少比例范围在 49.53% ~93.23%;暖水河截引点的水量减少比例均大于该截引点的水量截引比例。因为暖水河截引点下游河道内水量的减少,一部分是由于本工程引起的,另一部分则是由于在下泄水量中已经扣除了当地河道外需水量。

(2)白家沟截引点逐月水量截引比例为 4.41% ~48.03%,逐月水量减少比例范围在35.44% ~86.16%;白家沟截引点的水量减少比例远远大于该截引点的水量截引比例。因为白家沟截引点的下泄水量,不仅扣除了本工程截引水量、当地河道外需水量,还扣除了上游东山坡引水工程在该截引点的相应引水量。其中,不同典型年条件下东山坡年均引水比例占到白家沟截引点对应典型年天然来水量的 27.01% ~36.76%。

(3)在暖水河水库截引点、白家沟截引点下游 0.5 ~2.5 km 处,分别有石窑沟、黑眼湾等支流沿途陆续汇入,月均总径流量约 14.58 万 m³,将有效降低对截引点下游河道的水文情势影响。

总体来看,东山坡工程的引水量和白家沟截引点的截引水量基本相当;暖水河及其支沟上各截引点,水量变化比例较小的月份集中在 5、6、8 月,枯水期 11、12 月的引水比例明显偏大,水文情势影响程度较大,考虑暖水河及其支沟上各截引点下游支流水量的陆续汇入,对截引点下游河道的水文情势影响将会有所减小。

表 5-13　白家沟（东山坡）各典型年逐月水量分析结果

（%）

典型年	项目	1月	2月	3月	4月	5月	6月	7月	8月	9月	10月	11月	12月	全年
多年平均	东山坡引水比例	35.49	35.70	35.88	32.97	32.48	31.11	25.93	20.11	16.76	25.11	31.76	34.54	26.91
	本工程截引比例	38.61	40.72	42.03	37.90	29.50	28.05	24.06	19.12	15.58	20.23	33.36	36.31	26.68
	河道内减少比例	77.10	79.31	80.56	73.51	72.66	68.89	56.03	43.42	35.44	49.93	66.85	73.24	57.87
P=20%	东山坡引水比例	36.12	36.15	33.95	35.79	26.68	22.77	26.52	23.79	23.94	33.18	34.49	36.13	29.06
	本工程截引比例	43.89	41.75	39.72	44.70	25.20	23.20	26.11	23.50	20.71	24.77	31.70	35.95	28.62
	河道内减少比例	82.90	81.17	75.38	82.76	55.85	49.69	56.73	50.82	47.74	62.39	67.42	73.45	60.80
P=50%	东山坡引水比例	35.28	36.04	36.02	35.98	36.02	36.01	33.67	27.55	23.36	23.05	35.35	36.01	29.42
	本工程截引比例	17.11	20.88	22.67	23.36	21.79	18.10	31.38	28.49	20.13	16.65	30.64	40.09	24.69
	河道内减少比例	59.42	63.30	64.79	65.42	74.84	72.67	75.60	60.91	46.50	42.67	67.15	77.63	58.76
P=75%	东山坡引水比例	35.76	35.74	35.76	35.75	35.76	35.76	35.51	19.16	35.53	32.09	35.77	35.74	31.57
	本工程截引比例	28.87	39.61	43.55	38.56	22.73	26.59	31.29	17.54	38.13	29.29	48.03	30.58	31.19
	河道内减少比例	69.85	79.06	82.32	78.09	75.24	77.58	78.14	40.67	82.32	69.60	86.16	71.29	69.43
P=95%	东山坡引水比例	36.74	36.71	36.71	36.75	32.72	35.02	36.79	36.73	36.78	36.78	36.81	36.76	36.39
	本工程截引比例	25.03	21.14	24.18	21.84	4.41	6.49	13.01	18.19	34.43	24.88	36.42	23.13	22.68
	河道内减少比例	67.41	64.20	66.67	64.68	62.50	65.09	70.06	73.11	82.70	75.66	77.16	65.81	71.19

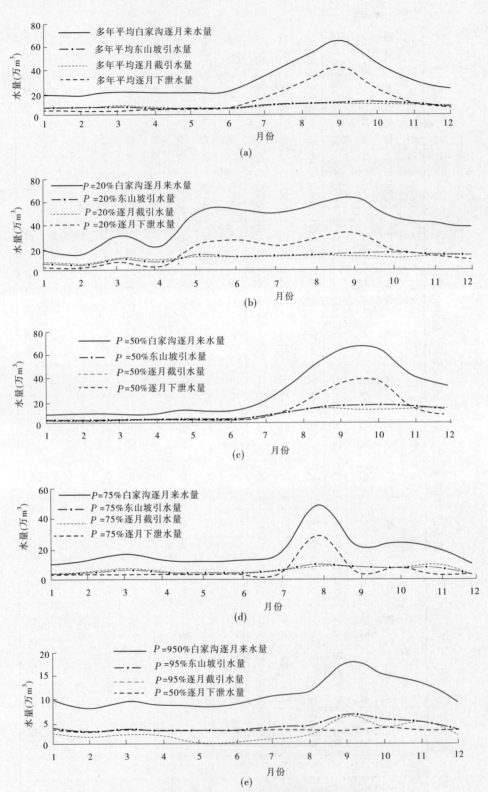

图 5-1 白家沟(东山坡)各典型年逐月水量分析结果

5.1.4.2 暖水河出境(宁甘省界)断面水文情势影响分析

暖水河出境断面引水比例分析结果见表5-14;不同来水频率条件下,暖水河出境断面逐月引水比例分析结果详见表5-15。

表5-14 不同典型年条件下暖水河出境断面引水比例分析结果 （％）

序号	典型年	截引比例	宁夏用水比例	下泄比例
1	多年平均	26.80	31.71	68.29
2	$P=20\%$	30.61	35.32	64.68
3	$P=50\%$	29.84	35.21	64.79
4	$P=75\%$	28.93	35.37	64.63
5	$P=95\%$	25.63	34.92	65.08

注:暖水河上本项目截引点为暖水河和白家沟,东山坡截引点为顿家川。

表5-15 不同来水频率条件下暖水河出境断面逐月引水比例分析结果 （％）

来水频率	月份	本项目		东山坡截引比例	下泄比例
		截引比例	宁夏用水比例		
多年平均	1	33.54	34.69	4.36	60.95
	2	34.11	35.21	4.39	60.40
	3	34.68	35.70	4.39	59.90
	4	31.46	32.49	4.04	63.47
	5	28.61	32.57	4.01	63.41
	6	28.24	31.87	3.85	64.28
	7	26.37	28.62	3.18	68.20
	8	21.53	23.09	2.47	74.44
	9	18.82	19.97	2.05	77.98
	10	23.52	25.24	3.08	71.68
	11	33.92	34.59	3.89	61.52
	12	34.48	35.39	4.25	60.36
	合计	26.80	28.41	3.30	68.29
$P=20\%$	1	34.31	35.41	4.40	60.19
	2	33.06	34.32	4.40	61.27
	3	36.02	36.68	4.14	59.19
	4	35.58	36.48	4.36	59.16
	5	30.67	32.15	3.25	64.60
	6	23.31	24.69	2.77	72.54
	7	28.13	29.65	3.23	67.12
	8	27.26	28.58	2.90	68.52
	9	28.32	29.47	2.92	67.61
	10	30.41	32.05	4.04	63.91
	11	36.59	37.05	4.20	58.75
	12	36.72	37.26	4.40	58.34
	合计	30.61	31.78	3.54	64.68

来水频率	月份	本项目		东山坡截引比例	下泄比例
		截引比例	宁夏用水比例		
$P=50\%$	1	21.51	24.25	4.34	71.40
	2	23.52	26.01	4.43	69.58
	3	24.35	26.74	4.43	68.84
	4	24.69	27.03	4.43	68.54
	5	25.20	31.58	4.43	63.99
	6	23.59	30.53	4.43	65.05
	7	29.99	33.93	4.14	61.93
	8	30.02	31.85	3.39	64.76
	9	30.54	31.67	2.87	65.46
	10	25.65	26.77	2.83	70.40
	11	36.84	37.30	4.35	58.35
	12	37.16	37.76	4.43	57.81
	合计	29.84	31.59	3.62	64.79
$P=75\%$	1	27.44	29.49	4.43	66.08
	2	32.51	33.94	4.43	61.64
	3	34.46	35.64	4.43	59.93
	4	31.99	33.48	4.43	62.09
	5	25.78	32.10	4.43	63.47
	6	27.50	33.22	4.43	62.34
	7	31.10	35.37	4.40	60.22
	8	22.17	23.67	2.37	73.96
	9	34.04	37.31	4.40	58.28
	10	25.95	29.04	3.98	66.98
	11	36.51	37.45	4.43	58.13
	12	28.23	30.20	4.43	65.38
	合计	28.93	31.46	3.91	64.63
$P=95\%$	1	26.40	28.66	4.64	66.70
	2	24.57	27.06	4.63	68.31
	3	25.98	28.29	4.64	67.06
	4	24.85	27.31	4.64	68.05
	5	16.99	26.76	4.13	69.13
	6	18.65	27.73	4.42	67.86
	7	22.19	29.98	4.64	65.39
	8	24.49	31.49	4.64	63.87
	9	31.89	36.33	4.64	59.03
	10	25.14	30.52	4.64	64.84
	11	31.90	33.49	4.65	61.88
	12	25.50	27.87	4.64	67.49
	合计	25.63	30.33	4.59	65.08

由表 5-14、表 5-15 可知:多年平均条件下,暖水河出境断面年水量约为 2 941 万 m³,暖水河拟引水量 788.14 万 m³,截引比例为 26.80%,计入河道外需水量 47.26 万 m³,东山坡截引水量 97.18 万 m³,出境断面引水比例达到 31.71%;20%、50%、75% 及 95% 来水频率下,本工程截引比例分别为 30.61%、29.84%、28.93% 和 25.63%,出境断面引水比例分别为 35.32%、35.21%、35.37% 和 34.92%。

5.1.5 颉河水文情势影响分析

5.1.5.1 颉河各截引点水文情势影响分析

颉河干流及其支流包括清水沟和卧羊川两处截引工程,其中可利用量均已扣除上游东山坡引水工程引水量。不同典型年条件下颉河水系各截引点水量逐月截引比例分析及减少比例分析见表 5-16 和表 5-17;清水沟(东山坡)、卧羊川(东山坡)各典型年逐月水量分析结果详见表 5-18、表 5-19 和图 5-2、图 5-3。

表 5-16 颉河水系各截引点水量逐月截引比例分析

截引点	典型年	全年比例(%)	最大月影响比例		最小月影响比例	
			最大值(%)	对应月份	最小值(%)	对应月份
清水沟	多年平均	32.79	41.14	11	24.19	5
	$P=20\%$	39.35	51.81	9	22.84	2
	$P=50\%$	41.55	61.30	9	2.80	2
	$P=75\%$	25.74	42.43	8	9.77	1
	$P=95\%$	7.13	17.21	9	1.14	5
卧羊川	多年平均	29.35	40.89	6	7.86	4
	$P=20\%$	33.81	44.93	9	2.44	2
	$P=50\%$	37.18	50.75	9	0	1~4
	$P=75\%$	25.86	48.47	9	0	1、4、12
	$P=95\%$	13.62	43.04	9	0	1、2、3、11、12
颉河	多年平均	31.00	38.21	7	16.11	4
	$P=20\%$	36.47	48.23	9	12.22	2
	$P=50\%$	39.27	55.81	9	1.35	2
	$P=75\%$	25.80	41.43	8	4.69	1
	$P=95\%$	10.51	30.67	9	0.84	3

由表 5-16 ~ 表 5-19 和图 5-2、图 5-3 可以看出,在不同典型年条件下,颉河年水量截引比例为 10.51% ~ 39.27%,逐月水量截引比例为 0.84% ~ 55.81%,逐月水量减少比例范围为 59.26% ~ 94.65%。其中:

(1)清水沟、卧羊川截引点的水量减少比例远远大于该截引点的水量截引比例。因为在清水沟、卧羊川截引点的下泄水量中,不仅扣除了本工程截引水量、当地河道外需水量,还扣除了上游东山坡引水工程在该截引点的相应引水量。本工程截引水量远远小于上游东山坡工程引水量和当地需水量之和。

表 5-17　颉河水系各截引点水量逐月减少比例分析

截引点	典型年	全年比例(%)	最大月影响比例		最小月影响比例	
			最大值(%)	对应月份	最小值(%)	对应月份
清水沟	多年平均	75.36	89.44	11	60.10	9
	P=20%	83.28	93.04	11	62.03	6
	P=50%	86.72	94.52	9	59.28	1
	P=75%	78.45	87.04	9	69.57	1
	P=95%	70.57	82.46	9	61.33	5
卧羊川	多年平均	75.95	89.56	11	61.53	9
	P=20%	83.56	93.03	11	62.33	6
	P=50%	87.17	94.78	9	59.23	1
	P=75%	78.43	87.01	9	69.49	1
	P=95%	70.21	82.46	9	61.35	5
颉河	多年平均	75.67	89.50	10	60.85	9
	P=20%	83.43	93.03	11	62.19	6
	P=50%	86.96	94.65	9	59.26	1
	P=75%	78.44	87.03	9	69.53	1
	P=95%	70.39	82.46	9	61.34	5

(2)在不同典型年条件下,清水沟截引点逐月水量截引比例为 1.14% ~61.30%,逐月水量减少比例范围为 59.28% ~94.52%。其中,东山坡年均引水比例占到清水沟截引点对应典型年天然来水量的 40.77% ~59.87%。

(3)不同典型年条件下,卧羊川截引点逐月水量截引比例为 0 ~50.75%,逐月水量减少比例范围为 59.23% ~94.78%。其中,东山坡年均引水比例占到卧羊川截引点对应典型年天然来水量的 8.66% ~43.70%。

(4)在清水沟截引点下游 2 km、卧羊川截引点下游 4.5 km 处,分别有五保沟、瓦亭沟等支流沿途陆续汇入,月均径流量分别为 18.67 万 m³ 和 137.0 万 m³,将大大降低对截引点下游河道的水文情势影响。

总体来看,在不同典型年条件下,上游东山坡工程的引水量均大于清水沟、卧羊川截引点的截引水量;清水沟、卧羊川截引点截引水量变化比例较小的月份集中在 1 ~4 月,汛期引水比例较大,符合"丰增枯减"原则,但考虑东山坡引水后,水文情势影响比例明显偏大,但考虑颉河及其支沟上各截引点下游支流水量的大量陆续汇入,上游工程引水对该支流下游河道的水文情势影响不大。

5.1.5.2 颉河出境(宁甘省界)断面水文情势影响分析

颉河出境断面引水比例分析结果见表 5-20;在不同来水频率条件下,颉河出境断面逐月引水比例分析结果见表 5-21。由表 5-20、表 5-21 可知,多年平均条件下,颉河出境(宁甘省界)断面水量约为 3 990 万 m³,颉河拟引水量 542.98 万 m³,截引比例为 13.61%,计入本项目河道外需水量 95.62 万 m³、东山坡截引水量 697.99 万 m³ 及东山坡河道外需水量 239.25 万 m³,出境断面引水比例达到 39.49%;在 20%、50%、75% 及 95% 来水频率

表 5-18　清水沟（东山坡）各典型年逐月水量分析结果

（%）

典型年	项目		1 月	2 月	3 月	4 月	5 月	6 月	7 月	8 月	9 月	10 月	11 月	12 月	全年
多年平均	东山坡	引水比例	55.01	55.75	56.03	51.41	50.42	47.82	38.56	29.68	24.23	36.63	47.39	52.58	40.58
	本工程	截引比例	26.43	26.47	27.31	25.06	24.19	27.63	35.61	34.46	34.48	37.73	41.14	32.68	32.79
	河道内	减少比例	82.98	83.69	84.73	77.85	79.41	79.85	76.89	66.03	60.10	76.44	89.44	86.49	75.36
P=20%	东山坡	引水比例	56.72	56.74	51.27	55.62	37.67	33.91	38.76	34.49	32.47	46.32	49.64	55.48	42.49
	本工程	截引比例	25.49	22.84	38.11	29.77	46.15	26.45	36.02	46.21	51.81	40.21	42.76	35.92	39.35
	河道内	减少比例	83.70	81.26	90.25	86.62	85.61	62.03	76.63	82.29	85.68	88.51	93.04	92.11	83.28
P=50%	东山坡	引水比例	51.97	56.95	57.06	57.07	56.60	57.06	52.79	41.15	31.85	31.43	48.48	56.42	43.00
	本工程	截引比例	3.60	2.80	4.41	5.08	10.44	7.08	26.78	46.64	61.30	54.09	44.11	33.89	41.55
	河道内	减少比例	59.28	63.14	64.65	65.27	74.76	72.56	84.36	90.00	94.52	86.88	93.21	91.11	86.72
P=75%	东山坡	引水比例	57.02	57.04	57.01	57.01	57.01	56.89	55.70	28.17	55.63	50.75	57.02	57.03	49.57
	本工程	截引比例	9.77	19.87	23.82	18.83	10.31	13.49	22.17	42.43	27.43	25.00	27.88	11.38	25.74
	河道内	减少比例	69.57	78.82	82.43	77.86	75.00	77.35	83.07	72.41	87.04	79.48	86.16	71.02	78.45
P=95%	东山坡	引水比例	57.96	57.41	59.88	58.50	48.32	51.46	55.71	58.40	59.88	59.87	59.86	58.51	57.62
	本工程	截引比例	5.37	2.30	2.65	1.74	1.14	1.46	3.94	5.37	17.21	10.89	14.44	3.07	7.13
	河道内	减少比例	66.40	63.03	65.62	63.57	61.33	63.99	69.13	72.28	82.46	77.29	76.45	64.74	70.57

表 5-19 卧羊川（东山坡）各典型年逐月水文情势分析结果

(%)

典型年	项目		1月	2月	3月	4月	5月	6月	7月	8月	9月	10月	11月	12月	全年
多年平均	东山坡	引水比例	6.20	5.93	5.57	5.59	21.35	19.57	12.13	8.39	6.21	9.22	3.65	4.93	8.66
	本工程	截引比例	10.32	9.03	9.16	7.86	40.65	40.89	40.61	36.00	33.52	37.82	26.73	18.55	29.35
	河道内	减少比例	82.95	83.66	84.70	77.89	79.68	80.16	77.61	67.16	61.53	77.00	89.56	86.46	75.95
P=20%	东山坡	引水比例	74.22	72.01	64.76	72.15	33.99	23.83	30.15	31.89	35.38	41.04	57.10	61.15	43.47
	本工程	截引比例	3.56	2.44	21.95	9.59	44.25	31.10	38.60	44.38	44.93	37.80	33.42	28.09	33.81
	河道内	减少比例	83.69	81.25	90.24	86.61	86.16	62.33	76.94	83.33	86.50	87.67	93.03	92.10	83.56
P=50%	东山坡	引水比例	44.45	49.68	51.78	52.62	11.84	11.43	19.33	30.85	37.96	37.84	56.95	64.99	40.57
	本工程	截引比例	0	0	0	0	28.56	23.81	43.76	50.05	50.75	44.55	33.78	22.89	37.18
	河道内	减少比例	59.23	63.08	64.61	65.23	74.73	72.53	84.34	90.73	94.78	88.37	93.20	91.10	87.17
P=75%	东山坡	引水比例	58.43	69.73	73.39	69.76	11.45	13.65	20.63	25.41	20.92	19.42	74.24	60.42	38.92
	本工程	截引比例	0	1.33	2.61	0	29.50	32.82	39.39	40.50	48.47	40.14	6.86	0	25.86
	河道内	减少比例	69.49	78.77	82.39	77.81	74.94	77.29	83.03	73.99	87.01	76.18	86.13	70.95	78.43
P=95%	东山坡	引水比例	54.21	49.63	53.17	50.34	3.74	7.59	12.23	13.45	15.60	12.52	67.91	51.96	31.30
	本工程	截引比例	0	0	0	0	5.14	7.54	15.01	21.17	43.04	32.45	0	0	13.62
	河道内	减少比例	66.39	63.04	65.63	63.56	61.35	63.99	69.14	72.28	82.46	73.93	76.45	64.74	70.21

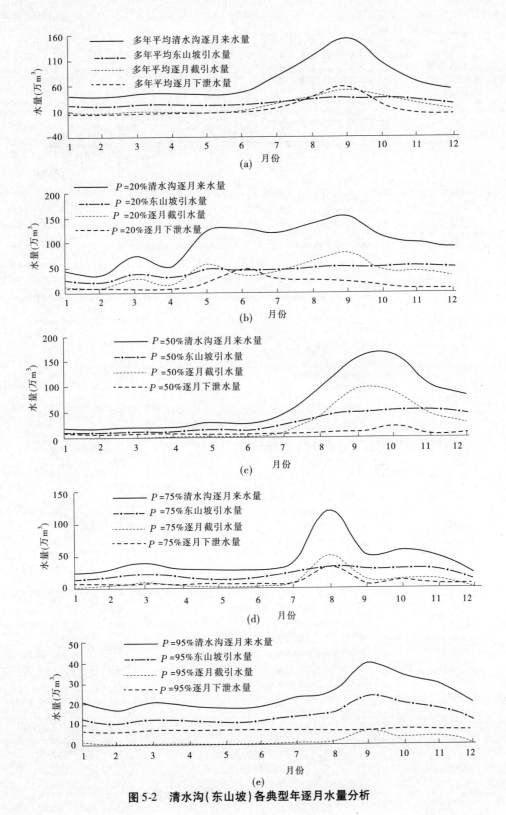

图 5-2 清水沟(东山坡)各典型年逐月水量分析

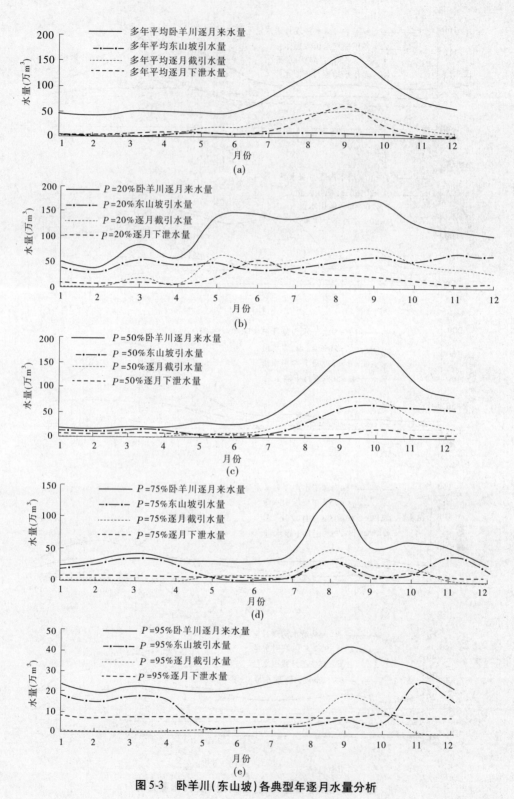

图 5-3 卧羊川(东山坡)各典型年逐月水量分析

下,本工程截引比例分别为16.01%、17.24%、11.33%和4.61%,出境断面引水比例分别为40.98%、44.71%、43.91%和48.43%。

表5-20　不同典型年条件下颉河出境断面引水比例分析　　　　（%）

序号	典型年	截引比例	宁夏用水比例	下泄比例
1	多年平均	13.61	39.49	60.51
2	$P=20\%$	16.01	40.98	59.02
3	$P=50\%$	17.24	44.71	55.29
4	$P=75\%$	11.33	43.91	56.09
5	$P=95\%$	4.61	48.43	51.57

注:颉河上本项目截引点为清水沟和卧羊川,东山坡截引点为东山坡、刘家沟、庙儿沟、和尚铺、高家庄、新庄子和苏家堡。

表5-21　不同典型年条件下颉河出境断面逐月引水比例分析结果　　　　（%）

来水频率	月份	本项目		东山坡工程		下泄比例
		截引比例	宁夏用水比例	截引比例	宁夏用水比例	
多年平均	1	7.92	9.66	27.89	29.12	61.22
	2	7.62	9.29	28.29	29.46	61.25
	3	7.86	9.43	28.45	29.55	61.02
	4	7.08	8.65	26.34	27.44	63.91
	5	14.26	20.11	14.77	32.21	47.68
	6	15.16	20.56	14.80	30.90	48.54
	7	16.79	20.14	13.85	23.85	56.01
	8	15.49	17.80	11.52	18.43	63.77
	9	14.92	16.63	10.09	15.20	68.17
	10	16.58	19.12	14.57	22.15	58.72
	11	14.78	15.80	23.79	24.52	59.68
	12	11.12	12.50	26.21	27.18	60.32
	合计	13.61	16.01	17.49	23.49	60.51
$P=20\%$	1	6.17	7.84	28.91	30.08	62.08
	2	5.36	7.27	28.41	29.75	62.97
	3	13.04	14.03	25.59	26.30	59.67
	4	8.46	9.83	28.20	29.17	61.00
	5	19.83	22.02	15.70	22.22	55.76
	6	12.68	14.72	12.58	18.68	66.60
	7	16.41	18.67	15.05	21.80	59.54
	8	19.87	21.82	14.55	20.37	57.81
	9	21.18	22.88	14.92	20.02	57.10
	10	17.11	19.54	19.13	26.39	54.07
	11	16.64	17.35	23.50	24.00	58.65
	12	13.98	14.79	25.66	26.23	58.99
	合计	16.01	17.75	18.88	23.23	59.02

来水频率	月份	本项目		东山坡工程		下泄比例
		截引比例	宁夏用水比例	截引比例	宁夏用水比例	
P=50%	1	0.76	4.92	21.09	24.03	71.06
	2	0.59	4.36	23.35	26.00	69.63
	3	0.93	4.54	23.84	26.39	69.08
	4	1.07	4.61	24.04	26.54	68.85
	5	8.73	18.20	14.62	42.87	38.94
	6	6.93	17.23	14.62	45.33	37.44
	7	15.64	21.50	15.53	33.03	45.47
	8	21.25	23.97	15.71	23.80	52.23
	9	24.50	26.18	15.38	20.37	53.45
	10	21.57	23.22	15.26	20.19	56.59
	11	17.00	17.70	23.22	23.71	58.59
	12	12.36	13.27	26.73	27.37	59.36
	合计	17.24	19.85	18.32	24.85	55.29
P=75%	1	2.06	5.17	25.36	27.56	67.27
	2	4.50	6.66	27.95	29.47	63.87
	3	5.62	7.41	28.78	30.05	62.54
	4	3.97	6.23	27.96	29.55	64.22
	5	8.91	18.29	14.63	42.64	39.06
	6	10.34	18.85	15.11	40.49	40.67
	7	13.67	20.03	16.45	35.41	44.56
	8	18.20	20.42	11.74	18.38	61.19
	9	16.85	21.72	16.50	31.01	47.26
	10	14.44	19.03	15.13	28.81	52.16
	11	7.44	8.86	28.98	29.98	61.17
	12	2.40	5.36	25.81	27.90	66.74
	合计	11.33	15.11	19.34	28.80	56.09
P=95%	1	1.13	4.56	24.59	27.01	68.43
	2	0.48	4.25	23.42	26.07	69.66
	3	0.56	4.07	24.75	27.22	68.72
	4	0.37	4.09	23.81	26.44	69.48
	5	1.27	14.28	9.88	48.69	37.02
	6	1.83	14.00	11.32	47.60	38.40
	7	4.26	15.83	14.51	49.03	35.14
	8	5.98	16.37	15.36	46.36	37.28
	9	15.07	22.44	18.09	40.06	37.50
	10	9.70	17.70	15.46	39.31	42.98
	11	3.04	5.44	28.11	29.82	64.75
	12	0.64	4.24	24.18	26.72	69.04
	合计	4.61	11.62	19.28	36.81	51.57

5.1.5.3 颉河下游引水工程水文情势影响分析

本项目的截引点设在颉河上游的清水沟支流及颉河干流卧羊川处,截引点以下甘肃省境内现有农村生活供水工程 3 处,年设计供水量 107.27 万 m^3,均以颉河河谷浅层地下水为水源;引颉河地表水灌溉面积 1.78 万亩,年供水量 511.6 万 m^3($P=50\%$)。该部分只着重分析工程引水对颉河下游灌区引水口的影响。

颉河灌区引水口位于颉河干流省界断面下游约 2.5 km,保证率 $P=50\%$ 的年引水量为 511.6 万 m^3;颉河宁甘省界断面以上集水面积 285 km^2,50% 保证率下的年径流量为 3 663 万 m^3;宁夏境内当地用水量 1 033 万 m^3(包括东山坡引水 937 万 m^3),上游本工程 50% 保证率下的年引水量为 631.53 万 m^3。颉河灌区引水口水量影响分析见表 5-22。

表 5-22 $P=50\%$ 典型年条件下颉河灌区引水口水量影响分析

上游本工程引水量(万 m^3)	631.53
上游宁夏境内当地用水量(包括东山坡引水 937 万 m^3)(万 m^3)	1 033
颉河宁甘省界断面天然年径流量(万 m^3)	3 663
颉河灌区年引水量(万 m^3)	511.6
上游本工程引水量占颉河宁甘省界断面天然径流量的比例(%)	17.24
颉河灌区年引水量占颉河宁甘省界断面天然径流量的比例(%)	13.97
颉河灌区年引水量占本工程引水后宁甘省界断面径流量的比例(%)	16.88
颉河灌区年引水量占本工程引水并扣除宁夏当地用水量后宁甘省界断面径流量的比例(%)	25.60

由表 5-22 可知,在 50% 保证率典型年条件下,仅考虑上游本工程引水后颉河省界断面径流量为 3 031.47 万 m^3,在考虑本工程引水并扣除宁夏境内当地用水后省界断面的径流量为 1 998.47 万 m^3,颉河灌区年引水量占颉河宁甘省界断面天然径流量的 13.97%,占本工程引水后宁甘省界断面径流量的 16.88%,占本工程引水并扣除宁夏境内当地用水量后宁甘省界断面径流量的 25.60%。

研究认为,在 50% 保证率典型年条件下,颉河灌区引水口断面以上水量由于本工程引水将会相应减少 631.53 万 m^3,占颉河宁甘省界断面天然年径流量的 17.24%,剩余水量完全能够满足灌区引水需要。因此,宁夏工程引水对颉河灌区的影响不大。

5.1.6 水文情势影响分析小结

5.1.6.1 泾河

1)截引点

在不同典型年来水条件下,泾河干流龙潭水库和红家峡截引点逐月水量截引比例为 21.57%~84.52%,逐月水量减少比例为 23.33%~90.27%;在不同典型年来水条件下,工程截引并扣除河道外需水量后,泾河干流及其支沟上各截引点下泄水量过程和天然来水过程的变化趋势基本一致。其中,水量变化比例较小的月份集中在 7、8 月,9~12 月的引水比例明显偏大,水文情势影响程度较大,而泾河干流各截引点下游支流水量的沿途汇入,将会有效减少对截引点下游河道水文情势的影响。

2）出境断面

在多年平均条件下，泾河干流拟引水量 2 168.49 万 m^3，本工程截引比例为 20.67%，出境断面引水比例达到 31.63%；在不同典型年来水条件下，本工程的截引比例为 19.86% ~ 24.86%，出境断面引水比例达到 28.09% ~ 50.38%。

3）下游崆峒水库

在不同典型年条件下，截引水量占崆峒水库天然入库年径流量的比例为 17.49% ~ 21.91%，仅工程本身而言，不会对崆峒水库水文情势造成大的影响；扣除宁夏总用水量后，崆峒水库入流量占天然年径流量的比例为 58.10% ~ 75.26%，通过在其上游修建补偿调节水库，能够有效消减本工程及宁夏当地用水对下游崆峒水库的影响。

5.1.6.2　策底河

1）截引点

在不同典型年来水条件下，石咀子截引点逐月水量截引比例为 0 ~ 76.47%，逐月水量减少比例为 0.97% ~ 83.13%。总体来看，策底河石咀子截引点遵循了"丰增枯减"的原则，7、8 月丰水期引水比例较高，10 ~ 12 月枯水期引水比例较小。此外，由于石咀子截引点下游 2 km 处支流水量的大量汇入，上游工程引水不会对该支流下游河道水文情势造成大的影响。

2）省界断面

在多年平均条件下，策底河出境（宁甘省界）断面年水量约为 2 568 万 m^3，策底河拟引水量 480.61 万 m^3，本工程截引比例为 18.72%，出境断面引水比例达到 21.04%；在不同典型年来水条件下，本工程的截引比例为 12.50% ~ 35.73%，出境断面引水比例达到 14.22% ~ 39.24%。

3）下游石堡子水库

在不同典型年来水条件下，石咀子截引点截引水量占坝址上游对应典型年来水量的比例为 8.23% ~ 19.32%，特枯年份调水过程经过优化后，剩余水量已经能够完全满足石堡子水库的供水要求。因此研究认为，宁夏工程引水对下游石堡子水库的影响不大。

5.1.6.3　暖水河

1）截引点

在不同典型年来水条件下，暖水河水库和白家沟截引点逐月水量截引比例为 4.41% ~ 92.35%，逐月水量减少比例为 35.44% ~ 93.23%。其中，白家沟截引点的下泄水量，不仅扣除了本工程截引水量和当地河道外需水量，还扣除了上游东山坡引水工程在该截引点的相应引水量。在不同典型年来水条件下，东山坡年均引水比例占到白家沟截引点对应典型年天然来水量的 27.01% ~ 36.76%。

总体来看，东山坡工程的引水量和白家沟截引点的截引水量基本相当；暖水河及其支沟上截引点水量变化比例较小的月份集中在 5、6、8 月，枯水期 11、12 月的引水比例明显偏大，水文情势影响程度较大，考虑暖水河及其支沟上各截引点下游支流水量的陆续汇入，对截引点下游河道的水文情势影响将会有所减小。

2）出境断面

在多年平均条件下，暖水河出境（宁甘省界）断面年水量约为 2 941 万 m^3，暖水河拟引水量 788.14 万 m^3，本工程截引比例为 26.80%，出境断面引水比例达到 31.71%；在不同典型年来水条件下，本工程的截引比例为 25.63% ~ 30.61%，出境断面引水比例为 34.92% ~ 35.37%。

3）下游后峡引水工程

在 50% 保证率典型年来水条件下，暖水河后峡引水工程引水口断面以上水量由于本工程引水将会相应减少 805.53 万 m^3，占暖水河宁甘省界断面天然径流量的 29.83%，剩余水量完全能够满足后峡引水需要。因此，上游本工程引水对后峡引水工程的影响不大。

5.1.6.4 颉河

1）截引点

在不同典型年来水条件下，清水沟和卧羊川截引点逐月水量截引比例在 0 ~ 61.30%，逐月水量减少比例为 59.28% ~ 94.78%。清水沟、卧羊川截引点的水量减少比例远远大于该截引点的水量截引比例，因为在清水沟、卧羊川截引点的下泄水量中，不仅扣除了本工程截引水量、当地河道外需水量，还扣除了上游东山坡引水工程在该截引点的相应引水量。本工程截引水量远远小于上游东山坡工程引水量和当地需水量之和。其中，东山坡年均引水量占到清水沟截引点对应典型年天然来水量的 40.77% ~ 59.87%，占到卧羊川截引点对应典型年天然来水量的 8.66% ~ 43.70%。

总体来看，在不同典型年来水条件下，上游东山坡工程的引水量均大于清水沟、卧羊川截引点的截引水量；清水沟和卧羊川截引点截引水量变化比例较小的月份集中在 1 ~ 4 月，汛期引水比例较大，符合"丰增枯减"原则，考虑颉河及其支沟上各截引点下游约有 156 万 m^3 的月均支流总径流量陆续汇入，上游工程引水对该支流下游河道的水文情势影响不大。

2）出境断面

在多年平均条件下，颉河出境（宁甘省界）断面水量约为 3 990 万 m^3，颉河拟引水量 542.98 万 m^3，截引比例为 13.61%，出境断面引水比例达到 39.49%；在不同典型年来水条件下，本工程的截引比例为 4.61% ~ 17.24%，出境断面引水比例为 40.98% ~ 48.43%。

3）下游灌区引水工程

在 50% 保证率典型年条件下，颉河灌区引水口断面以上水量由于本工程引水将会相应减少 631.53 万 m^3，占颉河宁甘出境断面天然年径流量的 17.24%，剩余水量完全能够满足灌区引水需要。因此，宁夏工程引水对颉河灌区的影响不大。

5.2 下游生态水量影响分析

本部分以可研报告中不同典型年条件下各截引点及省界断面现有来水过程、截引过程、水量下泄过程等数据为计算基础资料，通过计算确定项目引水区所选定的 5 个截引点和 2 个水库所在断面的生态水量大小以及截引点所在各河流省界出境断面的生态水量大小，进而分析河道内下泄水量对各截引点及各省界断面生态水量的满足程度。

5.2.1 生态水量研究

5.2.1.1 截引断面生态水量

项目引水区泾河水系共布设龙潭水库和红家峡 2 个截引断面,其中龙潭水库位于泾河干流,红家峡截引点位于二级支沟上;策底河干流上设有石咀子 1 个截引断面;暖水河水系设有暖水河水库和白家沟 2 个截引断面,其中暖水河水库截引点位于暖水河干流,白家沟截引点位于暖水河一级支沟;颉河水系设有清水沟和卧羊川 2 个截引断面,其中清水沟截引点位于颉河一级支沟,卧羊川截引点位于颉河干流。

根据本项目取水河段的特点以及河流水文资料情况,本阶段主要选取 Tennant 法、90% 保证率最枯月平均流量法、近十年最枯月平均流量法、最小月平均径流法和 7Q10 法对生态水量进行了分析计算,详见表 5-23。

表 5-23　不同计算方法各截引点生态水量分析结果

取水点	多年平均径流量（万 m³）	Tennant 法		90% 保证率最枯月平均流量法		近十年最枯月平均流量法		最小月平均径流法		7Q10 法	
		年生态水量（万 m³）	比例（%）	年生态水量（万 m³）	比例（%）	年生态水量（万 m³）	比例（%）	年生态水量（万 m³）	比例（%）	年生态水量（万 m³）	比例（%）
老龙潭	4 066	407	10	381	9	814	20	888	22	193	5
红家峡	518	52	10	48	9	104	20	113	22	25	5
石咀子	1 911	191	10	179	9	382	20	418	22	91	5
暖水河水库	1 050	105	10	236	22	334	32	455	43	148	14
白家沟	360	36	10	81	22	114	32	156	43	51	14
清水沟	840	84	10	189	22	267	32	364	43	118	14
卧羊川	912	91	10	205	22	290	32	395	43	128	14
合计	9 657	966	10	1 319	13	2 305	24	2 789	29	754	8

注:表中比例指各计算方法结果与对应多年平均径流量的比例。

其中,Tennant 法以多年平均径流量的 10% 进行计算,可能取水点多年平均径流量为 9 657 万 m³,则年生态水量为 966 万 m³;90% 保证率最枯月平均流量法以各截引点 53 年资料系列中 90% 保证率最枯月平均径流量为基础,计算出年生态水量为 1 319 万 m³;近十年最枯月平均流量法以各截引点 53 年系列中近十年最枯月平均径流量为基础,计算出年生态水量为 2 305 万 m³;最小月平均径流法以各截引点 53 年系列中每年的最小月平均径流量的平均值为基础,计算出年生态水量为 2 789 万 m³;7Q10 法采用 90% 保证率最枯连续 7 d 的平均水量作为河流最小流量设计值,具体计算时首先分析泾河源、三关口代表站历年最枯连续 7 d 的平均水量,进而分析代表站 90% 保证率最枯连续 7 d 的平均水量,然后用各截引点多年平均径流量与相应代表站多年平均径流量的比值乘以代表站 90%保证率最枯连续 7 d 的平均水量,得到各截引点 90%保证率最枯连续 7 d 的平均水量,以此为基础计算出年生态水量为 754 万 m³。

从以上计算结果看出,近十年最枯月平均流量法和最小月平均径流法计算结果较大,分别为多年平均径流量的 24%和 29%;7Q10 法计算结果较小,为多年平均径流量的 8%;Tennant 法和 90%保证率最枯月平均流量法计算结果适中,分别为多年平均径流量的 10%和 13%。

Tennant 法采用水文资料的年值计算,90%保证率最枯月平均流量法、近十年最枯月平均流量法和最小月平均径流法采用水文资料的月值计算,7Q10 法采用水文资料的日值计算。从水文资料的精度要求看,7Q10 法要求的精度最高,90%保证率最枯月平均流量法、近十年最枯月平均流量法和最小月平均径流法的要求次之,Tennant 法的要求最低。本工程取水点代表站中,泾河源站只有 1977~2008 年、三关口站只有 1966~2008 年实测水文资料,其他年份为插补延长(延长到 1956 年),故从水文资料的精度上来看,实测年径流、月径流、日径流资料精度逐渐下降,以此为基础计算的生态水量结果可靠性应依次下降,即 Tennant 法计算结果较可靠,90%保证率最枯月平均流量法、近十年最枯月平均流量法和最小月平均径流法计算结果的可靠性为其次,7Q10 法计算结果的可靠性最差。

90%保证率最枯月平均流量法、近十年最枯月平均流量法和 7Q10 法适合水资源量小且开发利用程度已经较高的河流,均用于纳污能力计算。最小月平均径流法适用于干旱半干旱区域、生态环境目标复杂的河流,对生态环境目标相对单一地区,计算结果偏大;本工程各取水点均位于湿润区,生态环境目标相对单一,故计算结果偏大。Tennant 法适用于流量较大的河流,作为河流进行最初目标管理、战略性管理方法使用。

根据国家环境保护总局办公厅环办函[2006]11 号《关于印发水电水利建设项目水环境与水生生态保护技术政策研讨会会议纪要的函》,维持水生生态系统稳定所需最小水量一般不应小于河道控制断面多年平均流量的 10%(当多年平均流量大于 80 m³/s 时,按 5%取用),在生态系统有更多、更高需要时应加大流量,不同地区、不同规模、不同类型河流、同一河流不同河段的生态用水要求差异较大,应针对具体情况采取合适计算方法予以确定。

本项目取水河段位于泾河源头区,具有流量小、泥沙含量低等特点,生态水量主要考虑维持河道基本生态功能的最小需水量。根据项目取水河段的特点以及现有水文资料情况,同时依据上述各种方法的计算结果,河道内生态水量采用 Tennant 法按照河流多年平均径流量的 10%进行计算,最终确定的各截引点生态水量计算结果见表 5-24。

5.2.1.2 省界断面生态水量

各河流省界出境断面生态水量仍然按照多年平均年径流量的 10%考虑。其中,泾河干流多年平均年径流量为 10 491 万 m³,生态水量取值为 1 049.1 万 m³;策底河多年平均年径流量为 2 568 万 m³,生态水量取值为 256.8 万 m³;暖水河多年平均年径流量为 2 941 万 m³,生态水量取值为 294.1 万 m³;颉河多年平均年径流量为 3 990 万 m³,生态水量取值为 399.0 万 m³。计算结果详见表 5-25。

表 5-24 Tennant 法确定的各截引点生态水量计算结果

序号	截引点	多年平均年径流量(万 m³)	多年平均流量(万 m³)	生态流量(m³/s)	生态水量(万 m³)
1	龙潭水库	4 066	1.289	0.13	406.6
2	红家峡	518	0.164	0.02	51.8
3	石咀子	1 911	0.598	0.06	191.1
4	暖水河	1 050	0.333	0.03	105
5	白家沟	360	0.114	0.01	36
6	清水沟	840	0.266	0.03	84
7	卧羊川	912	0.289	0.03	91.2

表 5-25 Tennant 法确定各河流省界断面生态水量计算结果

序号	省界断面	多年平均年径流量(万 m³)	多年平均流量(万 m³)	生态流量(m³/s)	生态水量(万 m³)
1	泾河干流	10 491	3.327	0.33	1 049.1
2	策底河	2 568	0.814	0.08	256.8
3	暖水河	2 941	0.933	0.09	294.1
4	颉河	3 990	1.265	0.13	399.0

5.2.2 工程引水对截引点生态水量的影响分析

各截引点上游天然来水量扣除河道外需水量、上游东山坡工程引水量(注:仅指白家沟、清水沟和卧羊川 3 个截引点)及本工程截引水量后,河道内最后实际留存的水量为下泄水量,该部分根据各截引点不同典型年实际逐月下泄水量来具体分析各截引点下游生态水量的满足情况。

在不同典型年条件下,工程截引后各截引点生态水量满足情况分析结果见表 4-4。其中,各截引点不同典型年逐月生态水量满足情况分析详见表 5-26～表 5-32,各截引点不同典型年逐月来水量、下泄水量及生态水量过程对比分析详见图 5-4～图 5-10。

由表 5-26～表 5-32 和图 5-4～图 5-10 分析可知,在不同来水条件下,在满足工程截引及其他相关用水要求后,各截引点生态水量均能得到满足,河道内下泄水量完全能够维持河道基本生态需水要求。

表5-26 龙覃水库不同典型年逐月生态水量满足情况分析

典型年	项目	1月	2月	3月	4月	5月	6月	7月	8月	9月	10月	11月	12月	全年
多年平均	径流量(万m³)	110.26	86.15	100.52	190.93	350.11	346.43	766.99	680.36	612.52	448.29	225.03	148.41	4 066.00
	下泄水量(万m³)	34.53	31.19	34.68	50.20	133.86	144.80	472.78	366.78	318.16	244.33	77.41	45.57	1 954.29
	满足与否	1	1	1	1	1	1	1	1	1	1	1	1	1
P=20%	径流量(万m³)	68.54	65.37	89.55	245.89	156.88	149.23	814.59	1 805.05	1 210.74	385.32	253.17	251.66	5 495.99
	下泄水量(万m³)	34.53	31.19	34.53	49.89	34.53	33.42	456.62	1 403.97	608.76	81.60	33.42	34.53	2 836.99
	满足与否	1	1	1	1	1	1	1	1	1	1	1	1	1
P=50%	径流量(万m³)	157.55	103.46	104.96	142.01	232.55	168.53	1 472.69	483.03	343.78	318.53	143.88	110.04	3 781.01
	下泄水量(万m³)	34.53	31.19	34.53	33.42	50.79	33.42	1 067.05	68.70	33.42	85.05	33.42	34.53	1 540.05
	满足与否	1	1	1	1	1	1	1	1	1	1	1	1	1
P=75%	径流量(万m³)	96.74	69.75	83.83	118.63	333.14	338.48	929.36	221.55	153.04	130.15	124.50	99.83	2 699.00
	下泄水量(万m³)	34.53	31.19	34.53	33.42	100.50	112.92	373.79	34.53	33.42	34.53	33.42	34.53	891.31
	满足与否	1	1	1	1	1	1	1	1	1	1	1	1	1
P=95%	径流量(万m³)	96.33	88.00	82.64	91.39	153.73	206.97	147.69	129.06	90.86	236.72	122.58	103.02	1 548.99
	下泄水量(万m³)	34.53	31.19	34.53	33.42	34.53	48.89	34.53	34.53	33.42	34.53	33.42	34.53	422.05
	满足与否	1	1	1	1	1	1	1	1	1	1	1	1	1

注:满足与否,"0"代表不满足,"1"代表满足。

表 5-27　红家峡不同典型年逐月生态月水量满足情况分析

典型年	项目	1月	2月	3月	4月	5月	6月	7月	8月	9月	10月	11月	12月	全年
多年平均	径流量（万 m³）	14.05	10.97	12.81	24.32	44.60	44.13	97.71	86.68	78.03	57.11	28.67	18.91	517.99
	下泄水量（万 m³）	4.40	3.97	4.46	7.01	17.66	18.24	59.32	45.02	35.95	28.11	7.47	4.42	236.03
	满足与否	1	1	1	1	1	1	1	1	1	1	1	1	1
P=20%	径流量（万 m³）	7.15	3.97	10.15	13.79	29.39	137.95	64.31	213.42	69.19	71.57	53.77	29.43	704.09
	下泄水量（万 m³）	4.40	3.97	4.40	4.26	4.62	94.48	28.68	143.62	24.98	28.34	15.16	4.40	361.31
	满足与否	1	1	1	1	1	1	1	1	1	1	1	1	1
P=50%	径流量（万 m³）	20.00	13.13	13.32	18.03	29.52	21.39	186.96	61.32	43.64	40.44	18.27	13.97	479.99
	下泄水量（万 m³）	4.40	3.97	4.40	4.26	7.05	4.26	140.11	10.88	4.26	11.13	4.26	4.40	203.38
	满足与否	1	1	1	1	1	1	1	1	1	1	1	1	1
P=75%	径流量（万 m³）	12.19	8.79	10.56	14.94	41.97	42.64	117.07	27.91	19.28	16.40	15.68	12.58	340.01
	下泄水量（万 m³）	4.40	3.97	4.40	4.26	14.04	14.94	52.38	4.40	4.26	4.67	4.26	4.40	120.38
	满足与否	1	1	1	1	1	1	1	1	1	1	1	1	1
P=95%	径流量（万 m³）	11.94	10.91	10.24	11.33	19.06	25.65	18.31	16.00	11.26	29.34	15.19	12.77	192.00
	下泄水量（万 m³）	4.40	3.97	4.40	4.26	4.40	6.47	4.40	4.40	4.26	5.64	4.26	4.40	55.26
	满足与否	1	1	1	1	1	1	1	1	1	1	1	1	1

注：满足与否，"0"代表不满足，"1"代表满足。

表5-28　石咀子不同典型年逐月生态水量满足情况分析

典型年	项目	1月	2月	3月	4月	5月	6月	7月	8月	9月	10月	11月	12月	全年
多年平均	径流量（万m³）	51.82	40.49	47.24	89.74	164.55	162.82	360.48	319.77	287.88	210.70	105.76	69.75	1 911.00
	下泄水量（万m³）	22.98	17.43	20.82	41.60	99.70	107.60	292.31	259.43	228.41	169.18	69.16	44.98	1 373.60
	满足与否	1	1	1	1	1	1	1	1	1	1	1	1	1
P=20%	径流量（万m³）	32.23	30.73	42.10	115.61	73.76	70.16	382.99	848.66	569.24	181.16	119.03	118.32	2 583.99
	下泄水量（万m³）	16.23	14.66	16.23	46.83	16.51	18.57	262.74	733.83	560.63	172.26	117.87	117.13	2 093.49
	满足与否	1	1	1	1	1	1	1	1	1	1	1	1	1
P=50%	径流量（万m³）	74.04	48.63	49.33	66.74	109.29	79.21	692.14	227.01	161.57	149.70	67.62	51.72	1 777
	下泄水量（万m³）	16.23	14.66	16.23	17.24	41.00	16.57	583.96	94.17	31.93	77.50	15.71	16.23	941.43
	满足与否	1	1	1	1	1	1	1	1	1	1	1	1	1
P=75%	径流量（万m³）	45.49	32.80	39.41	55.77	156.63	159.14	436.96	104.17	71.95	61.19	58.54	46.94	1 268.99
	下泄水量（万m³）	16.23	14.66	16.23	15.71	83.27	79.44	292.90	17.57	15.71	16.23	15.71	16.23	599.89
	满足与否	1	1	1	1	1	1	1	1	1	1	1	1	1
P=95%	径流量（万m³）	45.27	41.36	38.84	42.95	72.25	97.27	69.41	60.66	42.70	111.25	57.61	48.42	727.99
	下泄水量（万m³）	28.77	26.19	25.87	27.45	40.36	62.84	36.45	32.22	24.59	65.70	34.05	30.18	434.67
	满足与否	1	1	1	1	1	1	1	1	1	1	1	1	1

注：满足与否，"0"代表不满足，"1"代表满足。

表 5-29　暖水河不同典型年逐月生态水量满足情况分析

典型年	项目	1月	2月	3月	4月	5月	6月	7月	8月	9月	10月	11月	12月	全年
多年平均	径流量(万 m³)	52.35	49.36	58.36	56.27	56.75	59.98	99.91	144.43	189.11	131.50	86.04	65.95	1 050.01
	下泄水量(万 m³)	8.96	8.07	8.94	12.89	12.79	14.20	30.12	62.58	95.44	49.74	13.04	9.33	326.10
	满足与否	1	1	1	1	1	1	1	1	1	1	1	1	1
P=20%	径流量(万 m³)	54.42	42.77	90.98	64.16	152.21	157.58	147.16	170.60	188.73	136.71	123.30	112.40	1 441.02
	下泄水量(万 m³)	8.92	8.05	9.98	8.63	29.71	62.62	39.60	49.19	47.59	27.10	8.63	8.92	308.94
	满足与否	1	1	1	1	1	1	1	1	1	1	1	1	1
P=50%	径流量(万 m³)	21.97	21.91	25.30	24.92	35.43	31.54	57.19	123.70	193.91	203.08	127.41	100.64	967.00
	下泄水量(万 m³)	8.92	8.05	8.92	8.63	8.92	8.63	11.24	27.87	37.87	65.00	8.63	8.92	211.60
	满足与否	1	1	1	1	1	1	1	1	1	1	1	1	1
P=75%	径流量(万 m³)	29.62	38.45	51.32	39.42	36.06	38.52	53.26	152.03	67.34	73.82	63.05	31.11	674
	下泄水量(万 m³)	8.92	8.05	8.92	8.63	8.92	8.63	8.92	63.73	8.63	24.00	8.63	8.92	174.90
	满足与否	1	1	1	1	1	1	1	1	1	1	1	1	1
P=95%	径流量(万 m³)	27.35	22.46	26.74	24.41	23.77	24.70	29.78	33.16	50.70	43.08	37.77	26.07	369.99
	下泄水量(万 m³)	8.92	8.05	8.92	8.63	8.92	8.63	8.92	8.92	8.63	13.09	8.63	8.92	109.18
	满足与否	1	1	1	1	1	1	1	1	1	1	1	1	1

注:满足与否,"0"代表不满足,"1"代表满足。

表 5-30　白家沟不同典型年逐月生态水量满足情况分析

典型年	项目	1月	2月	3月	4月	5月	6月	7月	8月	9月	10月	11月	12月	全年
多年平均	径流量(万 m³)	17.95	16.92	20.01	19.29	19.46	20.57	34.25	49.52	64.84	45.08	29.50	22.61	360.00
	下泄水量(万 m³)	4.11	3.50	3.89	5.11	5.32	6.40	15.06	28.02	41.86	22.57	9.78	6.05	151.67
	满足与否	1	1	1	1	1	1	1	1	1	1	1	1	1
P=20%	径流量(万 m³)	18.66	14.66	31.19	21.99	52.18	54.02	50.45	58.48	64.70	46.87	42.27	38.53	494.00
	下泄水量(万 m³)	3.19	2.76	7.68	3.79	23.04	27.18	21.83	28.76	33.81	17.63	13.77	10.23	193.67
	满足与否	1	1	1	1	1	1	1	1	1	1	1	1	1
P=50%	径流量(万 m³)	7.54	7.52	8.69	8.56	12.16	10.83	19.63	42.47	66.58	69.72	43.74	34.55	331.99
	下泄水量(万 m³)	3.06	2.76	3.06	2.96	3.06	2.96	4.79	16.60	35.62	39.97	14.37	7.73	136.94
	满足与否	1	1	1	1	1	1	1	1	1	1	1	1	1
P=75%	径流量(万 m³)	10.15	13.18	17.59	13.51	12.36	13.2	18.25	52.10	23.08	25.30	21.61	10.66	230.99
	下泄水量(万 m³)	3.06	2.76	3.11	2.96	3.06	2.96	3.99	30.91	4.08	7.69	2.99	3.06	70.63
	满足与否	1	1	1	1	1	1	1	1	1	1		1	1
P=95%	径流量(万 m³)	9.39	7.71	9.18	8.38	8.16	8.48	10.22	11.38	17.4	14.79	12.96	8.95	127
	下泄水量(万 m³)	3.06	2.76	3.06	2.96	3.06	2.96	3.06	3.06	3.01	3.60	2.96	3.06	36.61
	满足与否	1	1	1	1	1	1	1	1	1	1	1	1	1

注：满足与否，"0"代表不满足，"1"代表满足。

表 5-31　清水沟不同典型年逐月生态水量满足情况分析

典型年	项目	1月	2月	3月	4月	5月	6月	7月	8月	9月	10月	11月	12月	全年
多年平均	径流量(万 m³)	41.88	39.48	46.69	45.01	45.40	47.99	79.93	115.54	151.29	105.2	68.83	52.76	840.00
	下泄水量(万 m³)	7.13	6.44	7.13	9.97	9.35	9.67	18.47	39.25	60.36	24.78	7.27	7.13	206.95
	满足与否	1	1	1	1	1	1	1	1	1	1	1	1	1
P=20%	径流量(万 m³)	43.74	34.37	73.11	51.56	122.31	126.63	118.26	137.09	151.66	109.86	99.09	90.32	1 158
	下泄水量(万 m³)	7.13	6.44	7.13	6.90	17.60	48.08	27.64	24.28	21.72	12.62	6.90	7.13	193.57
	满足与否	1	1	1	1	1	1	1	1	1	1	1	1	1
P=50%	径流量(万 m³)	17.51	17.47	20.17	19.87	28.25	25.15	45.60	98.63	154.61	161.92	101.58	80.24	771.00
	下泄水量(万 m³)	7.13	6.44	7.13	6.90	7.13	6.90	7.13	9.86	8.47	21.25	6.90	7.13	102.37
	满足与否	1	1	1	1	1	1	1	1	1	1	1	1	1
P=75%	径流量(万 m³)	23.43	30.40	40.59	31.17	28.52	30.46	42.12	120.22	53.26	58.37	49.86	24.60	533.00
	下泄水量(万 m³)	7.13	6.44	7.13	6.90	7.13	6.90	7.13	33.17	6.90	11.98	6.90	7.13	114.84
	满足与否	1	1	1	1	1	1	1	1	1	1	1	1	1
P=95%	径流量(万 m³)	21.22	17.42	20.74	18.94	18.44	19.16	23.10	25.72	39.33	33.42	29.30	20.22	287.01
	下泄水量(万 m³)	7.13	6.44	7.13	6.90	7.13	6.9	7.13	7.13	6.90	7.59	6.90	7.13	84.41
	满足与否	1	1	1	1	1	1	1	1	1	1	1	1	1

注:满足与否,"0"代表不满足,"1"代表满足。

表5-32　卧羊川不同典型年逐月生态水量满足情况分析

典型年	项目	1月	2月	3月	4月	5月	6月	7月	8月	9月	10月	11月	12月	全年
多年平均	径流量（万 m³）	45.45	42.85	50.66	48.85	49.27	52.07	86.73	125.39	164.18	114.16	74.70	57.25	911.56
	下泄水量（万 m³）	7.75	7.00	7.75	10.80	10.01	10.33	19.42	41.18	63.16	26.26	7.80	7.75	219.21
	满足与否	1	1	1	1	1	1	1	1	1	1	1	1	1
P=20%	径流量（万 m³）	47.51	37.34	79.42	56.01	132.88	137.56	128.47	148.93	164.76	119.35	107.64	98.12	1 257.99
	下泄水量（万 m³）	7.75	7.00	7.75	7.50	18.39	51.82	29.62	24.82	22.24	14.72	7.50	7.75	206.86
	满足与否	1	1	1	1	1	1	1	1	1	1	1	1	1
P=50%	径流量（万 m³）	19.01	18.96	21.90	21.57	30.67	27.3	49.50	107.07	167.85	175.78	110.28	87.11	837.00
	下泄水量（万 m³）	7.75	7.00	7.75	7.50	7.75	7.50	7.75	9.93	8.77	20.44	7.50	7.75	107.39
	满足与否	1	1	1	1	1	1	1	1	1	1	1	1	1
P=75%	径流量（万 m³）	25.40	32.97	44.01	33.80	30.92	33.03	45.67	130.37	57.75	63.30	54.07	26.68	577.97
	下泄水量（万 m³）	7.75	7.00	7.75	7.50	7.75	7.50	7.75	33.91	7.50	15.08	7.50	7.75	124.74
	满足与否	1	1	1	1	1	1	1	1	1	1	1	1	1
P=95%	径流量（万 m³）	23.06	18.94	22.55	20.58	20.05	20.83	25.11	27.96	42.75	36.33	31.85	21.98	311.99
	下泄水量（万 m³）	7.75	7.00	7.75	7.50	7.75	7.50	7.75	7.75	7.50	9.47	7.50	7.75	92.97
	满足与否	1	1	1	1	1	1	1	1	1	1	1	1	1

注：满足与否，"0"代表不满足，"1"代表满足。

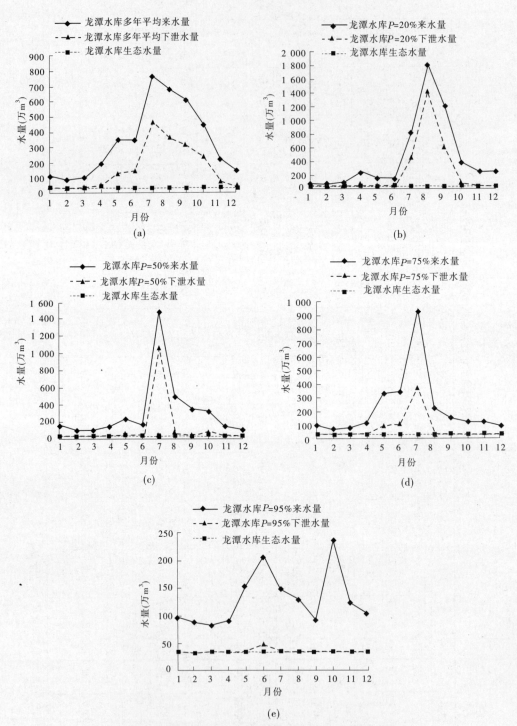

图 5-4　龙潭水库不同典型年逐月来水量、下泄水量及生态水量过程对比

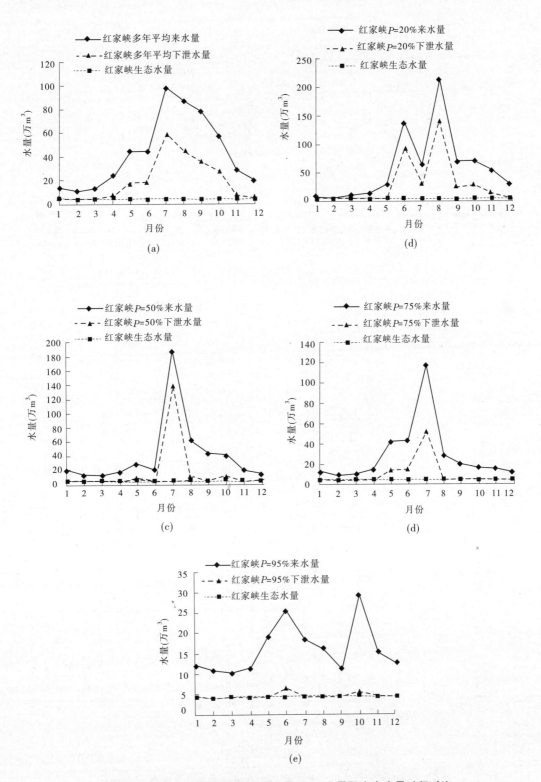

图 5-5 红家峡不同典型年逐月来水量、下泄水量及生态水量过程对比

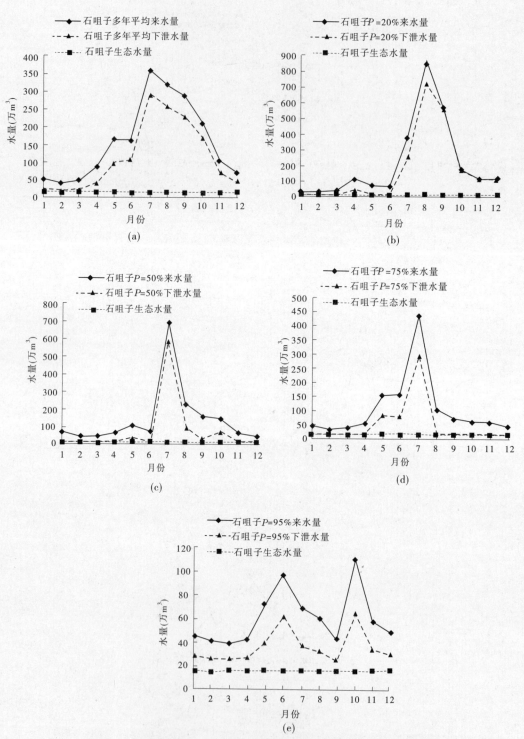

图5-6 石咀子不同典型年逐月来水量、下泄水量及生态水量过程对比

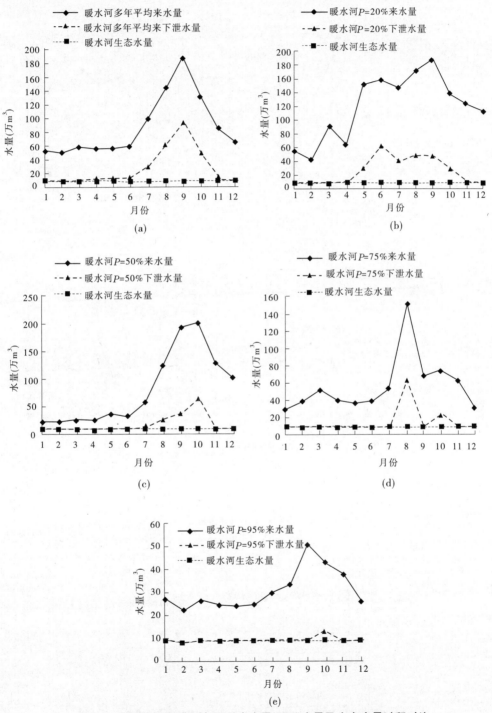

图 5-7　暖水河不同典型年逐月来水量、下泄水量及生态水量过程对比

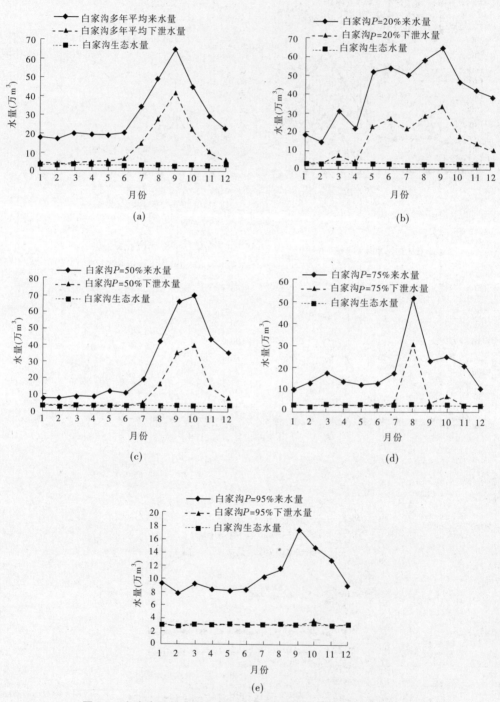

图 5-8　白家沟不同典型年逐月来水量、下泄水量及生态水量过程对比

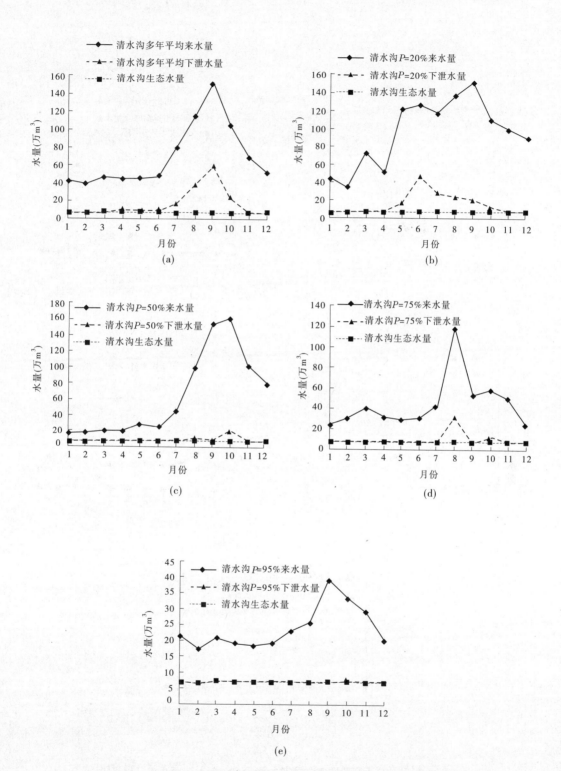

图5-9 清水沟不同典型年逐月来水量、下泄水量及生态水量过程对比

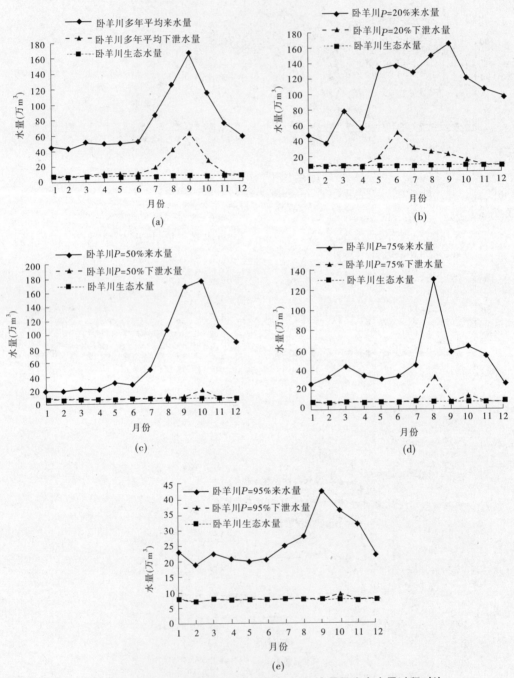

图 5-10　卧羊川不同典型年逐月来水量、下泄水量及生态水量过程对比

5.2.3 工程引水对省界断面生态水量的影响分析

各河流出境断面径流量扣除本项目宁夏用水量和东山坡宁夏用水量后即为出境断面下泄过程。具体计算时以 1956～2008 年为计算时段逐月进行。在不同来水频率条件下，泾河干流、策底河、暖水河和颉河出境断面水量下泄过程及其生态水量保证程度计算结果见表 5-33～表 5-36 和图 5-11～图 5-14。由分析计算结果可知，不同来水条件下，在优先保证截引点下游河道内、外基本用水需求及其他相关用水要求后，工程截引后的河道内下泄水量仍能满足各河流出境断面逐月生态水量要求，上游各截引点的截引水量及其水量过程不会对下游出境断面生态水量造成大的影响。

表 5-33　泾河干流出境断面典型年下泄过程及生态水量保证程度计算结果

来水频率	月份	出境断面下泄水量（万 m³）	生态水量（万 m³）	生态水量保证程度
多年平均	1	247.80	89.10	保证
	2	220.82	80.48	保证
	3	264.87	89.10	保证
	4	309.58	86.23	保证
	5	412.69	89.10	保证
	6	351.74	86.23	保证
	7	925.56	89.10	保证
	8	1 239.02	89.10	保证
	9	1 419.32	86.23	保证
	10	938.16	89.10	保证
	11	528.83	86.23	保证
	12	313.99	89.10	保证
	合计	7 172.38	1 049.10	保证
$P=20\%$	1	122.60	89.10	保证
	2	232.04	80.48	保证
	3	212.54	89.10	保证
	4	113.60	86.23	保证
	5	93.90	89.10	保证
	6	191.21	86.23	保证
	7	923.93	89.10	保证
	8	3 140.18	89.10	保证
	9	3 447.84	86.23	保证
	10	928.36	89.10	保证
	11	403.42	86.23	保证
	12	243.49	89.10	保证
	合计	10 053.11	1 049.10	保证

来水频率	月份	出境断面下泄水量 （万 m³）	生态水量（万 m³）	生态水量保证程度
	1	99.39	89.10	保证
	2	95.99	80.48	保证
	3	104.38	89.10	保证
	4	445.98	86.23	保证
	5	1 354.40	89.10	保证
	6	785.34	86.23	保证
$P=50\%$	7	107.75	89.10	保证
	8	161.91	89.10	保证
	9	946.44	86.23	保证
	10	1 160.45	89.10	保证
	11	692.82	86.23	保证
	12	459.73	89.10	保证
	合计	6 414.58	1 049.10	保证
	1	158.65	89.10	保证
	2	158.88	80.48	保证
	3	184.99	89.10	保证
	4	413.22	86.23	保证
	5	105.94	89.10	保证
	6	789.42	86.23	保证
$P=75\%$	7	507.05	89.10	保证
	8	383.29	89.10	保证
	9	321.24	86.23	保证
	10	528.97	89.10	保证
	11	488.84	86.23	保证
	12	221.26	89.10	保证
	合计	4 261.75	1 049.10	保证
	1	91.57	89.10	保证
	2	95.57	80.48	保证
	3	129.37	89.10	保证
	4	233.10	86.23	保证
	5	165.62	89.10	保证
	6	513.04	86.23	保证
$P=95\%$	7	305.22	89.10	保证
	8	182.03	89.10	保证
	9	166.39	86.23	保证
	10	95.07	89.10	保证
	11	93.10	86.23	保证
	12	90.23	89.10	保证
	合计	2 160.31	1 049.10	保证

注:泾河干流上截引水量包括龙潭水库和红家峡的引水量,河道外用水量还包括新民林场、兰大庄、黄林寨和西峡水库。

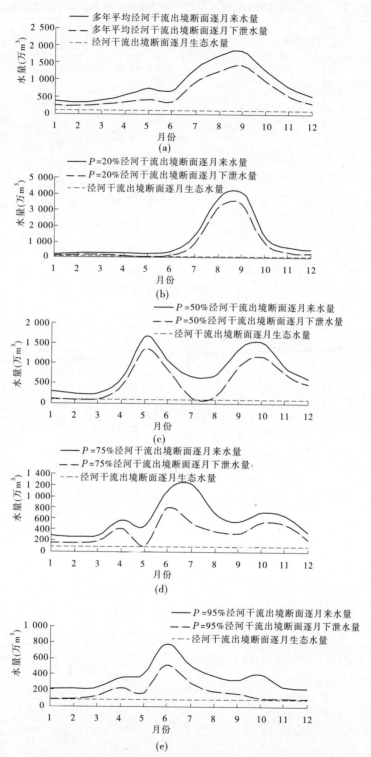

图 5-11　泾河干流出境断面各典型年逐月来水量、下泄水量及生态水量过程对比

表 5-34　策底河出境断面典型年下泄过程及生态水量保证程度计算结果

来水频率	月份	出境断面下泄水量(万 m³)	生态水量(万 m³)	生态水量保证程度
多年平均	1	42.04	21.81	保证
	2	33.10	19.70	保证
	3	37.82	21.81	保证
	4	72.16	21.11	保证
	5	155.77	21.81	保证
	6	163.26	21.11	保证
	7	414.47	21.81	保证
	8	368.69	21.81	保证
	9	325.81	21.11	保证
	10	239.77	21.81	保证
	11	105.52	21.11	保证
	12	69.18	21.81	保证
	合计	2 027.59	256.81	保证
$P=20\%$	1	26.25	21.81	保证
	2	24.53	19.70	保证
	3	30.70	21.81	保证
	4	86.56	21.11	保证
	5	40.42	21.81	保证
	6	42.68	21.11	保证
	7	394.35	21.81	保证
	8	1 025.45	21.81	保证
	9	756.24	21.11	保证
	10	234.51	21.81	保证
	11	158.77	21.11	保证
	12	157.79	21.81	保证
	合计	2 978.25	256.81	保证
$P=50\%$	1	41.70	21.81	保证
	2	31.39	19.70	保证
	3	33.20	21.81	保证
	4	40.20	21.11	保证
	5	78.59	21.81	保证
	6	43.81	21.11	保证

来水频率	月份	出境断面下泄水量(万 m³)	生态水量(万 m³)	生态水量保证程度
$P=50\%$	7	822.03	21.81	保证
	8	172.26	21.81	保证
	9	87.51	21.11	保证
	10	129.00	21.81	保证
	11	38.97	21.11	保证
	12	34.02	21.81	保证
	合计	1 552.68	256.81	保证
$P=75\%$	1	24.00	21.81	保证
	2	33.87	19.70	保证
	3	38.83	21.81	保证
	4	91.79	21.11	保证
	5	53.75	21.81	保证
	6	400.16	21.11	保证
	7	113.72	21.81	保证
	8	36.62	21.81	保证
	9	46.52	21.11	保证
	10	68.77	21.81	保证
	11	64.26	21.11	保证
	12	63.76	21.81	保证
	合计	1 036.05	256.81	保证
$P=95\%$	1	44.34	21.81	保证
	2	40.42	19.70	保证
	3	39.23	21.81	保证
	4	42.22	21.11	保证
	5	64.11	21.81	保证
	6	96.30	21.11	保证
	7	60.33	21.81	保证
	8	53.08	21.81	保证
	9	37.92	21.11	保证
	10	103.96	21.81	保证
	11	53.86	21.11	保证
	12	46.84	21.81	保证
	合计	682.61	256.81	保证

注:策底河上截引水量为石咀子截引点引水量。

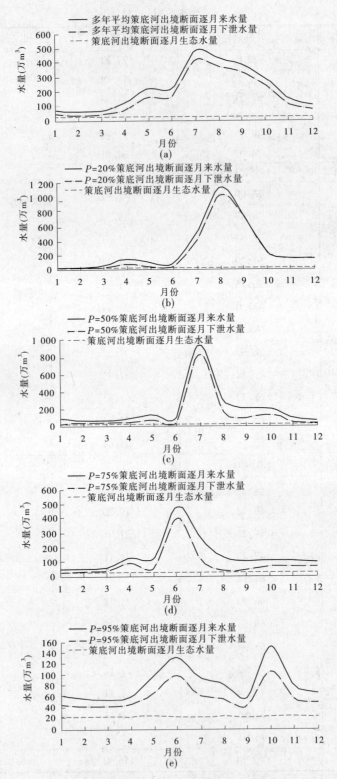

图 5-12　策底河出境断面各典型年逐月来水量、下泄水量及生态水量过程对比

表 5-35　暖水河出境断面典型年下泄过程及生态水量保证程度计算结果

来水频率	月份	出境断面下泄水量(万 m³)	生态水量(万 m³)	生态水量保证程度
多年平均	1	89. 37	24. 98	保证
	2	83. 50	22. 56	保证
	3	97. 92	24. 98	保证
	4	100. 03	24. 17	保证
	5	100. 79	24. 98	保证
	6	107. 99	24. 17	保证
	7	190. 84	24. 98	保证
	8	301. 13	24. 98	保证
	9	413. 05	24. 17	保证
	10	264. 03	24. 98	保证
	11	148. 26	24. 17	保证
	12	111. 49	24. 98	保证
	合计	2 008. 42	294. 10	保证
$P=20\%$	1	92. 20	24. 98	保证
	2	73. 76	22. 56	保证
	3	151. 55	24. 98	保证
	4	106. 83	24. 17	保证
	5	276. 74	24. 98	保证
	6	321. 70	24. 17	保证
	7	277. 99	24. 98	保证
	8	329. 00	24. 98	保证
	9	359. 13	24. 17	保证
	10	245. 91	24. 98	保证
	11	203. 86	24. 17	保证
	12	184. 55	24. 98	保证
	合计	2 623. 22	294. 10	保证
$P=50\%$	1	43. 79	24. 98	保证
	2	42. 56	22. 56	保证
	3	48. 63	24. 98	保证
	4	47. 69	24. 17	保证
	5	63. 30	24. 98	保证
	6	57. 28	24. 17	保证

来水频率	月份	出境断面下泄水量(万 m³)	生态水量(万 m³)	生态水量保证程度
	7	98.88	24.98	保证
	8	223.68	24.98	保证
	9	354.40	24.17	保证
$P=50\%$	10	399.16	24.98	保证
	11	207.56	24.17	保证
	12	162.44	24.98	保证
	合计	1 749.37	294.10	保证
	1	54.15	24.98	保证
	2	65.56	22.56	保证
	3	85.09	24.98	保证
	4	67.71	24.17	保证
	5	63.32	24.98	保证
	6	66.43	24.17	保证
$P=75\%$	7	88.73	24.98	保证
	8	311.04	24.98	保证
	9	108.59	24.17	保证
	10	136.78	24.98	保证
	11	101.39	24.17	保证
	12	56.27	24.98	保证
	合计	1 205.06	294.10	保证
	1	49.59	24.98	保证
	2	41.71	22.56	保证
	3	48.75	24.98	保证
	4	45.16	24.17	保证
	5	44.67	24.98	保证
	6	45.56	24.17	保证
$P=95\%$	7	52.93	24.98	保证
	8	57.57	24.98	保证
	9	81.36	24.17	保证
	10	75.94	24.98	保证
	11	63.53	24.17	保证
	12	47.83	24.98	保证
	合计	654.60	294.10	保证

注:暖水河上本项目截引点为暖水河和白家沟,东山坡截引点为顿家川。

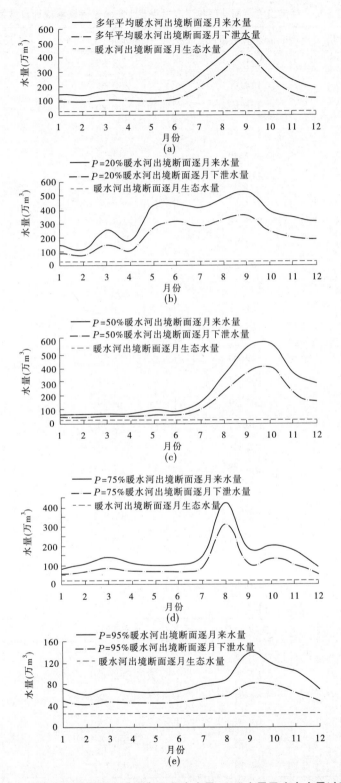

图 5-13 暖水河出境断面各典型年逐月来水量、下泄水量及生态水量过程对比

表 5-36　颍河出境断面典型年下泄过程及生态水量保证程度计算结果

来水频率	月份	出境断面下泄水量(万 m³)	生态水量(万 m³)	生态水量保证程度
多年平均	1	121.78	33.89	保证
	2	114.96	30.61	保证
	3	134.95	33.89	保证
	4	136.48	32.79	保证
	5	103.64	33.89	保证
	6	110.59	32.79	保证
	7	212.45	33.89	保证
	8	349.88	33.89	保证
	9	489.77	32.79	保证
	10	293.49	33.89	保证
	11	194.99	32.79	保证
	12	151.17	33.89	保证
	合计	2 414.15	399.00	保证
$P = 20\%$	1	129.00	33.89	保证
	2	102.84	30.61	保证
	3	207.29	33.89	保证
	4	149.44	32.79	保证
	5	324.06	33.89	保证
	6	400.70	32.79	保证
	7	334.53	33.89	保证
	8	376.56	33.89	保证
	9	411.48	32.79	保证
	10	282.23	33.89	保证
	11	276.11	32.79	保证
	12	253.16	33.89	保证
	合计	3 247.40	399.00	保证
$P = 50\%$	1	59.12	33.89	保证
	2	57.79	30.61	保证
	3	66.21	33.89	保证
	4	64.99	32.79	保证
	5	52.26	33.89	保证
	6	44.73	32.79	保证

来水频率	月份	出境断面下泄水量(万 m³)	生态水量(万 m³)	生态水量保证程度
	7	98.49	33.89	保证
	8	244.74	33.89	保证
	9	392.61	32.79	保证
P=50%	10	435.31	33.89	保证
	11	282.77	32.79	保证
	12	226.29	33.89	保证
	合计	2 025.31	399.00	保证
	1	74.79	33.89	保证
	2	92.16	30.61	保证
	3	120.46	33.89	保证
	4	95.01	32.79	保证
	5	52.87	33.89	保证
	6	58.79	32.79	保证
P=75%	7	89.07	33.89	保证
	8	349.17	33.89	保证
	9	119.46	32.79	保证
	10	144.52	33.89	保证
	11	144.76	32.79	保证
	12	77.93	33.89	保证
	合计	1 418.99	399.00	保证
	1	69.03	33.89	保证
	2	57.71	30.61	保证
	3	67.78	33.89	保证
	4	62.55	32.79	保证
	5	36.16	33.89	保证
	6	38.82	32.79	保证
P=95%	7	38.59	33.89	保证
	8	45.58	33.89	保证
	9	62.62	32.79	保证
	10	68.30	33.89	保证
	11	90.19	32.79	保证
	12	66.38	33.89	保证
	合计	703.71	399.00	保证

注:颉河上本项目截引点为清水沟和卧羊川,东山坡截引点为东山坡、刘家沟、庙儿沟、和尚铺、高家庄、新庄子和苏家堡。

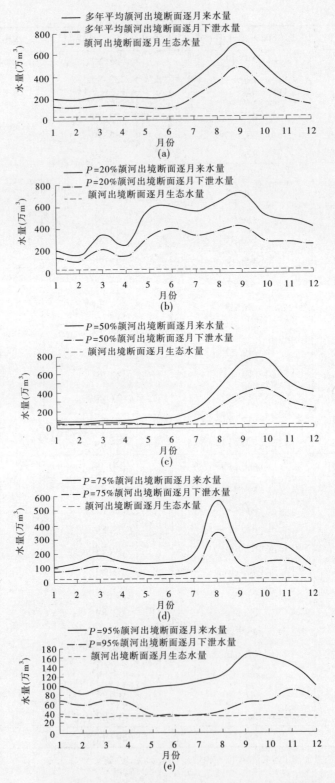

图 5-14　颍河出境断面各典型年逐月来水量、下泄水量及生态水量过程对比

5.3 地表水环境影响研究

5.3.1 库区富营养化研究

本工程共涉及三个水库:引水水源龙潭水库、暖水河补水调节水库和中庄主调节水库。经调查,目前三个水库周围均没有污染源汇入,水质现状较好。

根据湖泊水库富营养化的一般规律,发生富营养化需要同时满足温度19～20℃、氮磷比10:1、流速小于5 m/s、充足的阳光照射四个条件。固原市年平均气温6.1℃,7月平均气温18.7℃,1月平均气温 −8.4℃。可以推测,项目区水库水温全年大部分时段都不满足19～20℃的要求,水体基本不具备发生富营养化的条件。

5.3.1.1 龙潭水库

龙潭水库基本上为径流式水库,现状运行多年没有发生过富营养化现象。目前有效库容2.5万 m³,多年平均径流量3 990万 m³,水库水体交换系数很大,水力停留时间很短。

根据宁夏自治区水环境监测中心监测成果,坝址断面现状总磷、总氮浓度分别为小于0.01 mg/L和0.38 mg/L,按《地表水资源质量评价规程》(SL 395—2007)的评价标准(见表5-37),目前该水库营养级别属于中营养或贫营养(见表5-38),达不到富营养级别。

综上分析,龙潭水库水体交换系数很大,水力停留时间很短,再加上水温常年较低,没有污染源汇入,运行期根本不满足水库湖泊发生水体富营养化的条件,不可能发生富营养化。

5.3.1.2 暖水河水库

暖水河水库为本工程新建水库,调节库容为400万 m³,坝址断面多年平均径流量为1 050万 m³,水库水体可在一个水文年内平均更新替换2～3次,水力停留时间较短。根据宁夏自治区水环境监测中心监测成果,坝址断面现状总磷、总氮浓度分别为0.022 mg/L和0.77 mg/L,按《地表水资源质量评价规程》(SL 395—2007)的评价标准(见表5-37),目前该水库营养级别属于中营养(见表5-38),达不到富营养级别。

综上分析,在水库水体每年更新2～3次,现状无污染源汇入,营养物质贫乏,以及水库水温常年较低的情况下,运行期只要保证水库周围没有污染源排入,就不满足水库湖泊发生水体富营养化的条件,水库发生富营养化的可能性很小。

5.3.1.3 中庄水库

中庄水库为新建主调节水库,总库容2 564万 m³,其中调节库容2 300万 m³,年供水量3 980万 m³,水库水体可在一个水文年内平均更新替换1～2次。

中庄水库库址处为季节性冲沟,非汛期常年无水,5月现场查勘时河床干涸,水库周围没有污染源排入。

参考中国北方的河流、湖库,由于水温较低,含沙量较大,微生物较为贫乏,发生水体富营养化情况较南方要少。

因此,中庄水库在现状无污染源汇入,营养物质贫乏,水库水温常年较低的情况下,运行期只要保证水库周围没有污染源排入,就不满足水库湖泊发生水体富营养化的条件,发生富营养化的可能性很小。

表 5-37　湖泊(水库)营养状态评价标准及分级方法

营养状态分级 (EI 为营养状态指数)		评价项目赋分值 E_n	总磷(mg/L)	总氮(mg/L)	高锰酸盐指数 (mg/L)
贫营养 $0 \leqslant EI \leqslant 20$		10	0.001	0.02	0.15
		20	0.004	0.05	0.40
中营养 $20 < EI \leqslant 50$		30	0.010	0.1	1
		40	0.025	0.3	2
		50	0.050	0.5	4
富营养	轻度营养 $50 < EI \leqslant 60$	60	0.1	1	8
	中度营养 $60 < EI \leqslant 80$	70	0.2	2	10
		80	0.6	6	25
	重度营养 $80 < EI \leqslant 100$	90	0.9	9	40
		100	1.3	16	60

注:采用线性插值法将水质项目浓度值转换为赋分值。

表 5-38　水库营养现状评价与分级

采样断面 名称	项目	总磷 (mg/L)	总氮 (mg/L)	高锰酸盐 指数 (mg/L)	营养状态 指数	营养状 态分级
龙潭水库 (坝前)	监测值	<0.010	0.38	1.2	<35.3	中营养或贫营养
	评价项目赋分值 E_n	<30	44.0	32.0		
龙潭水库 (库中)	监测值	<0.010	0.61	1.2	<38.1	中营养或贫营养
	评价项目赋分值 E_n	<30	52.2	32.0		
暖水河水库 (坝前)	监测值	0.022	0.77	1	41.1	中营养
	评价项目赋分值 E_n	38.0	55.4	30		

综上所述,运行期若实施了有效的水源地保护措施,禁止污染源汇入,则工程涉及的三个水库均不会发生富营养化。建议将水库及其周边地区划分为水源保护区,水库建成后严格管理,坚决禁止点污染源汇入。由于中庄水库、暖水河水库周边存在农耕地,且当地水土流失严重,水库运行后可能还会受面源影响,建议在水源保护区内实施水保措施,并设排污沟和集水池,拦截面源污染物。另外,暖水河、中庄水库建成运行前,若库底清理不彻底,水库投入运用初期,营养物质可能会较快上升,因此建议加强库底清理。

5.3.2 受水区污染源预测及污水处理厂匹配性分析

5.3.2.1 农村生活污水

根据当地农村生活习惯,农村生活污水大都直接泼洒,渗入地下,除非村庄离河流很近,否则基本不进入河流。根据《宁夏中南部水污染防治规划》,固原市2012年规划结合新农村建设,进行乡村环境卫生整治,重点是加快乡村改厕进度,并通过农村污水处理、沼气工程和有机肥料使用,发展循环农业;通过垃圾收集、储运、处理系统的建设,彻底改变农村环境状况。由于目前国家进行新农村建设的力度较大,预计规划年新增农村生活用水对下游水环境影响不大。

5.3.2.2 规模化养殖场排放的污水

对于农村规模化养殖场排放的污水,建议根据《畜禽养殖业污染物排放标准》(GB 18596—2001),参考相应养殖场规模及工艺,将排放的污水进行集中处理后按标准达标排放,或者利用养殖业粪便无害化处理和综合利用技术,实现畜禽养殖废物的无害化和资源化。

5.3.2.3 城镇生活污水

本工程主要任务是为城镇及农村生活供水,工程实施后,城市供水部分将产生新增城市生活污水并相应产生新增污染物。

1)污水处理设施匹配性分析

根据项目预测的规划年城镇生活需水量,预测工程受水区城镇生活排水量,取排水系数为0.7,并据此分析污水处理厂规模适宜性。预测结果见表5-39。

表5-39 规划水平年受水区生活污水排放量预测

县(区)	2025年城镇生活需水量(万 m³)	2025年城镇生活排水量(万 m³)	需要修建的污水处理厂规模(万 t/d)	现有污水处理厂规模(万 t/d)
原州区	725	507.50	1.39	2
彭阳县	531	371.70	1.02	1
西吉县	1 078	754.60	2.07	1
海原县	387	270.90	0.74	1
合计	2 721	1 904.70		

要将受水区生活排放污水进行有效处理,需修建一定规模的生活污水处理厂,参考目前项目区各县(区)已经运行的污水处理厂规模,可知受水区的原州区和海原县现有的污水处理厂规模已经能够满足需要,彭阳县基本能够满足,西吉县不能满足。

因此,建议西吉县污水处理厂再扩建或者新建1.1万 t/d的规模,彭阳县再扩建0.5万 t/d的规模。

另据《固原市城市总体规划(2011—2030)》,2030年以前,西吉县现状城市污水处理厂将扩建至3万 t/d,彭阳县现状城市污水处理厂将扩建至1.5万 t/d,这与本次预测结果不谋而合,证明本次建议的污水厂扩建规模比较合理且有规划依据。

在以上预测的污水处理厂扩建规模能够实现的基础上,在受水区各县已有的污水处理厂能够保证管网配套并正常运行的条件下,工程调水后受水区排放的城镇生活污水将得到全部处理,工程调水对下游水环境没有太大影响。

2) 污染源强预测

工程实施后,考虑供水管网损失后,受水区城镇生活供水量为 2 721 万 m^3,污水排放系数采用 0.7,生活污水排放量为 1 904.7 万 m^3。城镇生活污水排放后基本上全部进入城市污水处理厂统一处理,据《宁夏回族自治区"十二五"城镇污水处理及再生利用设施建设规划》,"十二五"期间受水区所有污水处理厂都要建设配套中水厂,中水厂设计规模与现状运行的污水处理厂设计规模相同,即现行污水处理厂处理后的污水将全部得到回用。因此,工程实施后,虽然随着用水量的增加,受水区生活污水较现状年有所增加,但由于污水处理厂的投产运行,污染物排放量较现状年增加不多。另外,如果至 2025 年,西吉县和彭阳县扩建的污水处理厂也能配套建设中水厂,那么受水区污水处理厂处理后的污水将全部得到回用,规划年最终进入河流的生活废污水及污染物将下降为零。即使至 2025 年,西吉县和彭阳县扩建的污水处理厂未能配套建设中水厂,规划年最终进入河流的废污水及污染物也将大幅下降。工程建设前后受水区生活污染源强变化情况见表 5-40。

表 5-40　受水区城市生活污染源强预测

时段	县(区)	流域	生活污染源强			污染物入河量(t/a)	
			生活污水 (万 m^3/a)	COD (t/a)	氨氮 (t/a)	COD	氨氮
现状 2009 年 污染源排放量	原州区	清水河	179.90	89.95	14.39	62.07	10.22
	西吉县	葫芦河	137.90	413.70	68.95	285.45	48.95
	彭阳县	泾河	37.80	113.40	18.90	78.25	13.42
	海原县	清水河	72.10	216.30	36.05	149.25	25.60
	合计		427.70	833.35	138.29	575.02	98.19
2025 年污染 源排放量	原州区	清水河	507.50	253.75	40.60	0	0
	西吉县	葫芦河	755.30	377.65	60.42	156.35	25.74
	彭阳县	泾河	371.70	185.85	29.74	16.50	2.54
	海原县	清水河	270.90	135.45	21.67	0	0
	合计		1 905.40	952.70	152.43	172.85	28.28
工程引起的 变化量	原州区	清水河	327.60	163.80	26.21	−62.07	−10.22
	西吉县	葫芦河	617.40	−36.05	−8.53	−129.11	−23.21
	彭阳县	泾河	333.90	72.45	10.84	−61.75	−10.88
	海原县	清水河	198.80	−80.85	−14.38	−149.25	−25.60
	合计		1 477.70	119.35	14.14	−402.18	−69.91

注:表中入河量数据是以西吉县和彭阳县扩建的污水处理厂未能配套建设中水厂为基础进行预测的。

3）排污总量控制要求满足程度分析

根据《宁夏回族自治区"十二五"城镇污水处理及再生利用设施建设规划》,现行污水处理厂处理后的污水将全部得到回用,回用中水部分用于周边农田灌溉,部分用于六盘山热电厂,部分用于城市生态用水。据以上污染源强预测结果,即使至 2025 年,西吉县和彭阳县扩建的污水处理厂未能配套建设中水厂,规划年最终进入河流的废污水及污染物也将大幅下降。因此,工程的实施不会给受水区下游水环境带来负面影响,不会增加受水区污染物入河总量。

5.3.3 受水区水质研究

5.3.3.1 按照规划既定目标进行实施的情况

如果西吉县污水处理厂再扩建或者新建 1.1 万 t/d 的规模,彭阳县再扩建 0.5 万 t/d 的规模,且受水区其他各县已有的污水处理厂能够保证管网配套并正常运行,规划年受水区所有污水处理厂建设同等规模的配套中水厂,污水处理厂处理后的污水能够全部得到回用,那么工程实施将不会对下游水环境造成负面影响,受水区下游断面水质将至少维持在现状水平。

5.3.3.2 达不到规划目标的情况

要使受水区污水处理厂污水回用率达到 100%,需要投入很高的人力、物力,需要建设配套管网,因此该目标的实现有一定的风险性。但是,在我国目前水资源紧缺,节水力度逐年加大的背景下,在固原市如此严重的缺水程度下,规划年受水区的污水回用率必将要提高到一定水平。据《宁夏回族自治区"十二五"城镇污水处理及再生利用设施建设规划》,"十二五"期间,全区城镇污水再生利用率目标拟定为 60%。下面分污水回用率为 0 和 60% 两种情况进行受水区达不到规划目标情况下的水质预测分析。

1）污水回用率为 0

污水回用率为 0,以及污水处理厂处理后的污水全部排入河流系统,这是一种最不利的情况。受水区包括固原市的原州区、西吉县、彭阳县和中卫市的海原县共三县一区,其现状生活污水排污去向见表 5-41。

表 5-41 受水区生活污水排污去向

地区	排污去向
西吉县	葫芦河
原州区	清水河
彭阳县	茹河→蒲河→泾河
海原县	西河→清水河

根据 2011 年受水区"三县一区"的污水处理厂入河排污口位置,选择以下断面作为重点预测断面,见表 5-42 和图 5-15。这些重点预测断面均位于污水处理厂入河排污口下游临近处,且均为固原市环境监测站在固原市设置的常规水质监测断面。

表 5-42 重点预测断面情况

代表断面	上游背景断面	所在河流	影响来源
水文站	古城	茹河	彭阳县
皮革厂	拖配厂	清水河	固原市原州区
夏寨水库	新营	葫芦河	西吉县

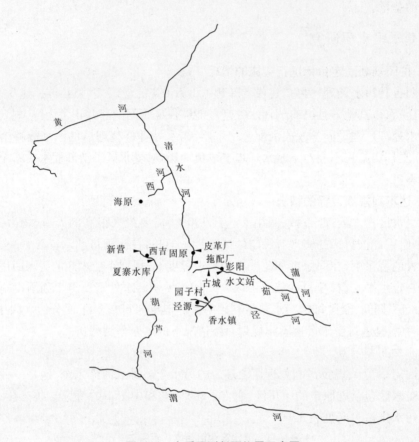

图 5-15 水质预测断面位置示意图

选择 COD、氨氮作为主要预测因子。预测时段选择工程运行前后多年平均来水情况下的枯水期及平水期。工程运行前的设计流量采用固原市环境监测站监测的 2001 ~ 2011 年的近十年平均来水情况下的月均实测流量,工程运行后的设计流量采用固原市环境监测站监测的 2001 ~ 2011 年的近十年平均来水情况下的月均调算流量。

根据河道特征、入河排污口分布状况,选择综合削减模式进行水质预测,其表达式为

$$C_2 = (1 - K)(Q_1 C_1 + \sum q_i c_i)/(Q_1 + \sum q_i)$$

式中:Q_1 为上游来水量,m^3/s;C_1 为上游来水污染物浓度,mg/L;q_i 为旁侧排污口的水量,m^3/s;c_i 为旁侧排污口的污染物浓度,mg/L;C_2 为预测断面污染物浓度,mg/L;K 为污染物综合削减系数,s^{-1}。

水质预测有关参数见表 5-43。

表 5-43　水质预测有关参数

预测断面	水期	断面流量（m³/s）	综合削减系数 $K(s^{-1})$		上游来水污染物浓度 C_1（mg/L）	
			COD	氨氮	COD	氨氮
水文站	枯水期	0.15	0.15	0.22	17.15	0.18
	平水期	0.21			15.00	0.06
皮革厂	枯水期	0.22	0.12	0.20	13.65	0.15
	平水期	0.25			10.00	0.087
夏寨水库	枯水期	1 248（有效库容，万 m³）	0.14	0.19		
	平水期					

注：夏寨水库的上断面——新营断面断流，故没有监测水质浓度。

预测结果见表 5-44，从预测结果可以看出，污水 0 回用时，各预测断面预测浓度均较现状浓度有所增加，增加幅度为 15% ~ 90%，且各断面预测浓度均超标，其中茹河彭阳县和清水河固原市的退水断面预测水质超出固原市环保局批复的受水区地表水环境影响评价执行标准——Ⅳ类水质标准，COD、氨氮均为超标因子；葫芦河西吉县退水断面预测水质超出固原市环保局批复的项目区地表水环境影响评价执行标准——Ⅲ类水质标准，COD、氨氮均为超标因子。

表 5-44　受水区水质预测结果（污水 0 回用）　　　　（单位：mg/L）

预测断面名称	所在河流	污水来源	上游背景断面名称	时段	预测结果（C_2）		是否超标	超标因子	预测断面现状监测浓度	
					COD	氨氮			COD	氨氮
水文站	茹河	彭阳县	古城	枯水期	37.15	1.01	超标	COD、氨氮	33.65	0.53
				平水期	35.02	2.14	超标	COD、氨氮		1.31
皮革厂	清水河	固原市	拖配厂	枯水期	42.31	2.78	超标	COD、氨氮	37.17	1.48
				平水期	39.10	2.10	超标	COD、氨氮	35.90	1.14
夏寨水库	葫芦河	西吉县	新营	枯水期	39.50	1.67	超标	COD、氨氮	37.24	1.40
				平水期	40.12	1.96	超标	COD、氨氮	37.90	1.71

分析预测结果的超标原因，主要是受水区现状背景浓度较高，已经超出标准，而由工程实施产生的影响不是太大。

2）污水回用率为 60%

采用同样的预测模式、水量条件及背景断面，进行污水 60% 回用情况下的水质预测，结果见表 5-45，可以看出，当污水 60% 回用时，各预测断面预测浓度均较现状有所降低，降幅为 2% ~50% 。且各断面预测浓度均能达标,其中茹河彭阳县和清水河固原市的退水断面预测水质能够达到固原市环保局批复的受水区地表水环境影响评价执行标准——Ⅳ类水质标准;葫芦河西吉县退水断面预测水质能够达到固原市环保局批复的项目区地表水环境影响评价执行标准——Ⅲ类水质标准。

表 5-45　受水区水质预测结果(污水 60% 回用)　　　　(单位:mg/L)

预测断面名称	所在河流	污水来源	上游背景断面名称	时段	预测结果(C_2)		是否超标	预测断面现状监测浓度	
					COD	氨氮		COD	氨氮
水文站	茹河	彭阳县	古城	枯水期	29.10	0.49	不超标	33.65	0.53
				平水期	27.93	1.28	不超标		1.31
皮革厂	清水河	固原市	拖配厂	枯水期	29.76	1.32	不超标	37.17	1.48
				平水期	27.41	1.02	不超标	35.90	1.14
夏寨水库	葫芦河	西吉县	新营	枯水期	19.46	0.57	不超标	37.24	1.40
				平水期	20.12	0.88	不超标	37.90	1.71

因此,工程实施后,在污水 60% 回用的情况下,不会增加预测断面浓度,对下游水环境没有影响。

5.3.4　运行期管理人员废污水影响分析

运行期管理人员废污水对水环境的影响主要是办公区、家属区生活污水排放对下游水环境的影响。工程运行期管理人员共计 98 人,拟设置六盘山供水水务公司,下设南郊配水中心、检修维护中心和龙潭水库、暖水河水库、中庄水库和下青石咀等 5 个基层管理所,其中乡村地区 52 人,预计生活废水排放总量约为 1.664 m^3/d,主要污染物为 BOD_5、COD、SS。按照《污水综合排放标准》(GB 8978—1996),工程所在的泾河干支流、清水河、龙潭水库、暖水河水库、中庄水库等分别执行Ⅰ类和Ⅱ类水体标准,严禁废污水入河,因此污水处理后应全部回用。

由于工程管理人员分布比较分散,且各处产生的生活污水量都很小,建议在管理场所设置旱厕,对污水进行集中处理,污水处理后作为管理人员生活区附近灌木和草地等的浇灌用水,实现生活污水零排放,污泥可作为农用肥料外运。

在此基础上研究认为,运行期工程管理人员所产生的生活污水不会对当地水环境造成影响。

5.3.5　引水区水质研究

引水区涉及暖水河、策底河、颉河和泾河干流,但只有泾河干流设置了常规水质监测断面,下面选取泾河干流上的泾源县出境断面园子村进行工程引水前后水质预测,分析工程引水对引水区水质的影响。

园子村断面的上断面为香水镇断面,断面位置关系见图5-15,预测模式仍然采用综合衰减模式,预测参数见表5-46,其中断面流量引水前采用的是固原市环境监测站监测的2001～2011年的近十年平均来水情况下的90%保证率最枯月均实测流量,引水后采用的是固原市环境监测站监测的2001～2011年的近十年平均来水情况下的90%保证率最枯月均调算流量。

表 5-46　引水区水质预测参数

预测断面	断面流量（m³/s）		综合削减系数 $K(\mathrm{s}^{-1})$		上断面浓度 C_1（mg/L）	
	引水前	引水后	COD	氨氮	COD	氨氮
园子村	0.388	0.329	0.15	0.22	13.95	0.373

预测结果见表5-47,从表中可以看出,引水后预测断面水质浓度有所增加,但水质类别仍为Ⅱ类,与引水前水质类别相同,因此工程引水对引水区水质类别没有影响。

表 5-47　引水区水质预测结果　　　　　　　　　　（单位:mg/L）

预测断面	所在河流	污水来源	上游背景断面	预测结果（C_2）		是否超标	超标因子	预测断面现状监测浓度	
				COD	氨氮			COD	氨氮
园子村	泾河	泾源县	香水镇	14.9	0.425	超标	COD、氨氮	12.55	0.34

5.4　地下水环境影响研究

工程输水隧洞的建设可能破坏地下水水文地质条件,进而在一定程度上影响地下水的补给、径流和排泄条件,输水管线和暖水河、中庄水库的运行可能会抬升周边地下水位。

5.4.1　输水隧洞对地下水的影响

工程布置隧洞10座,总长36.448 km,隧洞走向与开城—北面河冲断层走向相一致,距离为3.5～6.5 km。由于引水线路隧洞穿越多条近东西向的河流,地下水位较高,地下水主要接受大气降水的入渗补给,地下水排泄量主要为河川基流量,全部是地表水资源量与地下水资源量之间的重复量。降水大部分沿地表斜坡流入沟谷,少量入渗到地表覆盖层及下部岩石的风化层孔隙、裂隙中,在隔水层附近受阻形成暂时性地下水,其中一部分沿潜水面向沟谷流动,形成渗水或间歇性泉,排泄到地表水体中。地下水流向基本与沟谷坡向一致,但坡度较缓。根据钻孔资料,线路隧洞所穿越的山体中均有地下水,地下水位远高于隧洞。隧洞毛洞高度3.3 m,宽3.15 m。输水隧洞及支洞施工对地下水的影响详见表5-48、表5-49。

表 5-48　输水隧洞对地下水影响分析

隧洞编号	桩号	通过含水体长度(m)	地下水类型	地下水埋深(m)	水化学类型	关系	水位至洞身圆中心(m)	活动程度分级	最大涌水量(m³/d)	隧洞周围沟道	说明
1#	15+240~15+645	405	基岩裂隙水	1.87~15.7	$HCO_3^- - Mg^{2+} - Ca^{2+}$		15	中等:线状流水	966	香水河、胭脂川	
	15+645~16+335	690			$HCO_3^- - SO_4^{2-} - Ca^{2+} - Mg^{2+}$ $SO_4^{2-} - HCO_3^- - Ca^{2+} - Mg^{2+}$		85		5 138.2		
	16+335~16+810	475			$HCO_3^- - Ca^{2+} - Mg^{2+}$		20		1 146.91		
	17+210~18+735	1 525			$SO_4^{2-} - Na^+ - Ca^{2+}$		66		3 744.95		
2#	18+735~19+435	700	基岩裂隙水	1.9~14	$HCO_3^- - SO_4^{2-} - Mg^{2+} - Ca^{2+}$ $HCO_3^- - SO_4^{2-} - Ca^{2+} - Mg^{2+}$ $HCO_3^- - Ca^{2+} - Mg^{2+}$	地下水位高于隧洞	14.1	轻微:渗水或滴水	520.15	胭脂川、黄花川、大沟、暖水河	实验区
	19+435~21+885	2 450			$HCO_3^- - Mg^{2+} - Ca^{2+}$ $SO_4^{2-} - HCO_3^- - Ca^{2+} - Na^+$ $Ca^{2+} - Mg^{2+}$		96		3 037.875		
3#	25+035~26+585	1 550	基岩裂隙水	14.2	$SO_4^{2-} - HCO_3^- - Ca^{2+} - Mg^{2+}$		82	轻微:渗水或滴水	407.725	下刘庄沟、白家沟	实验区
	26+585~26+875	290			$HCO_3^- - SO_4^{2-} - Ca^{2+} - Mg^{2+}$		13		231.945		
4#	27+105~27+285	180	基岩裂隙水	14.2	$SO_4^{2-} - HCO_3^- - Ca^{2+} - Mg^{2+}$		12.5	轻微:渗水或滴水	211.065	五保沟、下海子半个山沟	实验区
	27+285~32+100	4 815			$HCO_3^- - SO_4^{2-} - Ca^{2+} - Mg^{2+}$ $HCO_3^- - SO_4^{2-} - Ca^{2+} - Mg^{2+}$		123.5		8 485.355		
	32+100~32+800	700			$SO_4^{2-} - Ca^{2+} - Mg^{2+}$		20		340.355		
	32+800~33+890	1 090			$SO_4^{2-} - HCO_3^- - Mg^{2+} - Ca^{2+}$		48		2 954.5		
5#	35+105~35+350	245	基岩裂隙水	5.0~32.0	$SO_4^{2-} - HCO_3^- - Mg^{2+} - Ca^{2+}$ $SO_4^{2-} - Ca^{2+} - Mg^{2+}$		10.9		309.455	卧羊川沟、洪水河	实验区
	35+350~36+800	1 450					68.5		977.035		
	36+800~37+115	315					18.5		705.955		

续表 5-48

隧洞编号	隧洞 桩号	通过含水体长度(m)	地下水类型	地下水埋深(m)	水化学类型	隧洞与地下水关系 关系	水位至洞身圆中心(m)	施工期地下水影响 活动程度分级	最大涌水量(m³/d)	隧洞周围沟道	说明
6#	39+860~42+684	2 824	基岩裂隙水	15.0~25.0	SO_4^{2-}—Ca^{2+}—Mg^{2+}	地下水位高于隧洞	76.5	线状流水或滴水	16 068.32	马洼沟、杨洼沟、上井沟、王灌盘沟、武家坪沟、笋四沟、马圈沟、下窑儿沟、青石咀沟	
	42+684~44+270	1 586			HCO_3^-—SO_4^{2-}—Mg^{2+}—Ca^{2+}		51		1 131.63		
	44+270~49+650	5 380					74		2 394.56		
	49+650~50+635	985					34		493.32		
7#	54+235~54+360	125	基岩裂隙水	15.0~21.7	HCO_3^-—SO_4^{2-}—Mg^{2+}—Ca^{2+}		9.6		314.92	茹河上游（五里山沟）、后沟	
	54+360~55+670	1 310					106		1 144.84		
	55+670~55+845	175					12.5		160.83		
8#	56+085~56+600	515	基岩裂隙水	3.0~20.0	SO_4^{2-}—HCO_3^-—Mg^{2+}—Ca^{2+}—Na^+		30.5		466	赵家沟、余家沟、兴隆沟、清水河	
	56+600~61+725	5 125			HCO_3^-—SO_4^{2-}—Mg^{2+}—Ca^{2+}		90		3 990.37		
	61+725~61+960	235			HCO_3^-—SO_4^{2-}—Cl^-—Ca^{2+}—Mg^{2+}		6.35		182.04		
9#	67+755~68+350				隧洞处于黄土中,无地下水						
10#	69+065~69+693				隧洞处于黄土中,无地下水						

143

表 5-48　输水隧洞支洞对地下水影响分析简表

隧洞名称	进出口桩号	长度(m)	支洞位置	支洞长度(m)	地面高程(m)	主洞洞底高程(m)	地下水埋深(m)	地下水类型	地下水活动影响程度分级
2#	17 + 125 ~ 21 + 800	4 857	18 + 950	162	1 915.5	1 895.81	1 ~ 10	SO_4^{2-}—HCO_3^-—Na^+—Ca^{2+}—Mg^{2+}	线状流水或滴水
			20 + 100	353	1 957	1 895.43			
4#	27 + 020 ~ 33 + 805	6 785	29 + 360	320	1 970.5	1 890.254	1 ~ 3	SO_4^{2-}—Ca^{2+}—Mg^{2+}	线状流水或滴水
			30 + 950	222	1 930	1 889.825			
			32 + 409	126	1 908.14	1 889.65			
6#	39 + 775 ~ 50 + 550	10 775	41 + 550	509	2 034	1 884	13 ~ 40	SO_4^{2-}—Ca^{2+}—Mg^{2+}	线状流水或滴水
			43 + 450	711	2 092.74	1 882.993			
			45 + 520	612	2 174.32	1 882.441			
			47 + 900	357	2 034.2	1 881.656			
8#	56 + 000 ~ 61 + 875	5 875	58 + 070	350	1 989.53	1 875.754	3 ~ 20	SO_4^{2-}—HCO_3^-—Mg^{2+}—Ca^{2+}	线状流水
			59 + 650	309	1 946	1 875.22			

5.4.1.1　引水隧洞

1)1#(北山)隧洞 15 + 240 ~ 16 + 810

1#隧洞长 1.570 km,进口位于泾源县城东北北山村,处于香水河Ⅱ级阶地后缘与山体结合处,出口位于上胭村胭脂川沟。前段 1.095 km 处于 E2s 泥质砂岩中,后段 0.560 km 处于 K1n 泥岩中,E2s 泥质砂岩与 K1n 泥岩呈平行不整合接触。隧洞穿越的山体较完整,洞轴线上方无深切河谷,只在中后段东侧有一冲沟沟头接近洞轴线。岩体中存在有地下水,围岩属中等透水。隧洞施工过程中可能有中等线状流水通过裂隙渗入隧道流失。由于 1#隧洞洞长有限,出口、管线横跨胭脂川面积很小,渗漏损失水量较小,且在施工过程中采取工程堵水措施,因此 1#隧洞对周边地下水影响较小。

2)2#(中庄)隧洞 17 + 210 ~ 21 + 885

2#隧洞长 4.675 km,进口位于泾源县城东北上胭村,出口位于暖水河下寺村南。隧洞穿越的山体较完整,在隧洞轴线西侧有一条平行洞轴线的冲沟,另有较小的冲沟沟头切割至洞轴线附近,隧洞上方主要有黄花川、大沟两条走向近于东西向的较大的沟谷(负地形)。隧洞均处于 K1n 泥岩中,岩体中存在有地下水,地下水埋藏深度较浅,进口段属中等透水,中间、出口段属弱透水,隧洞施工过程中可能有轻微渗水或滴水。但桩号 18 + 999 ~ 19 + 138 段 139 m 黄花川沟段,洞底至地表最浅埋深为 18.2 m,隧洞与山沟相交角度接近正交,下部洞身段基岩属于微风化—新鲜的基岩,由于地下水位埋藏较浅,洞顶段的透水率较大,洞顶有可能产生线状流水。总体来看,隧洞影响面积较小,在施工过程中采取及时有效的工程防涌水措施后,2#隧洞对周边地下水影响较小。

3)3#(刘家庄)隧洞25+300~26+875

3#隧洞长1.840 km,进口位于泾源县下刘家村,出口位于白家村。隧洞均处于K1n泥岩中,隧洞穿越的山体较完整,无横跨隧洞轴线的切割较深冲沟等负地形。在隧洞西侧发育一条与隧洞轴线近于平行的冲沟,距洞轴线约150 m;在隧洞东侧发育一条走向12°的冲沟,沟头在25+735处与隧洞轴线接近。围岩属弱透水—中等透水,岩体中存在有地下水,洞室呈渗水或滴水。在施工过程中,采取工程防涌水措施后,3#隧洞对周边地下水影响较小。

4)4#(白家村)隧洞27+105~33+890

4#隧洞长6.785 km,进口位于泾源县白家村,出口位于六盘山镇(什字)东卧羊川村前。隧洞轴线穿越的山体上方有深切河谷,其中大窑沟距离较远,水力联系较小,五保沟、下海子沟、半个山沟地表水与洞室地下水有密切水力联系。由于围岩属中弱透水,洞顶有可能产生轻微渗水或滴水。在施工过程中,采取工程防涌水措施后,4#隧洞对周边地下水影响较小。

5)5#(卧羊川)隧洞35+105~37+115

5#隧洞长2.010 km,进口位于泾源县六盘山镇东卧羊川村前,出口位于五里铺村东。隧洞轴线穿越的山体较完整,洞轴线上方无较大的深切沟谷,未发现有断层。隧洞均处于K1n泥岩中,岩体中存在有地下水,围岩属弱透水—中等透水。在施工过程中采取工程防涌水措施后,5#隧洞对周边地下水影响较小。

6)6#(大湾)隧洞40+705~50+635

6#隧洞长10.775 km,进口位于泾源县瓦亭村西北,出口位于窑儿沟村东。隧洞前段39+860~44+748处于K1n泥岩中,后段44+748~50+635处于K1m泥岩夹泥灰岩中。隧洞轴线方向0°,隧洞轴线穿越的山体有深切河谷,主要是6条近于东西向及1条与洞轴线相重合的大冲沟,深切河谷大多有地表水,其中上井盘沟、王灌沟、武家坪沟距离较远,水力联系较小,第四沟、马圈沟、窑儿沟与洞室地下水有水力联系。此外,由于隧洞轴线在41+421~42+647段与杨洼沟重合或距离较近,且断层较发育,断层密度过大,建议隧洞轴线向东移动约300 m,此处山体宽厚,无深切割的沟谷(负地形),断裂不发育,适于隧洞选址。总体来看,由于围岩属微透水—弱透水,在施工过程中采取工程防涌水措施后,6#隧洞对周边地下水影响较小。

7)7#(开城1#)隧洞54+235~55+845

7#隧洞长1.610 km,进口位于五里山村东,出口位于后沟。隧洞轴线方向348°,穿越的山体较完整,洞轴线上方无切割较深的沟谷,在距洞轴线250 m左右两侧有近于平行洞轴线的冲沟。隧洞进口段(桩号54+235~54+265)洞顶及洞身段全部处于坡积角砾及碎石中,中间及后段处于K1m泥岩夹泥灰岩中。中间及后段地表为黄土覆盖。钻孔中发现基岩裂隙水,水位埋深15.0~21.7 m。在施工过程中,采取工程防涌水措施后,7#隧洞对周边地下水影响较小。

8)8#(开城2#)隧洞56+085~61+960

8#隧洞长5.875 km,进口位于后沟,出口位于三十里铺。隧洞轴线方向349°,穿越的山体较完整,洞轴线上方有深切割的沟谷(负地形),主要是赵家沟、余家沟、兴隆沟等3

条大的冲沟,近于东西向展布。地表断续为黄土覆盖。隧洞处于 K1m 泥岩夹泥灰岩中。断裂不发育,只在出口处有两条小断层。钻孔中发现基岩裂隙水,地下水埋深 3～20 m。围岩属弱透水,在施工过程中,采取工程防涌水措施后,8#隧洞对周边地下水影响较小。

9)9#(后河)隧洞 67 + 755～68 + 350、10#(中庄)隧洞 69 + 065～69 + 693

9#(后河)隧洞长 0.595 km,进口位于固原市开城镇二十里铺西南大马庄水库下游的西南侧,出口位于后河水库右岸东侧。10#(中庄)隧洞长 0.628 km,进口位于后河水库右岸西北侧,出口位于中庄水库东南侧。地表均覆盖 Q3m 黄土,隧洞进出口穿越湿陷性黄土,中间段处于非湿陷性黄土中,无地下水。对周边地下水影响轻微。

5.4.1.2　施工支洞工程

自流线路施工支洞共有 11 座,总长 1.47 km。

1)2#隧洞施工支洞

2#隧洞施工支洞共 2 座,总长 515 m。2#隧洞施工支洞处于 K1n 泥岩中,根据主隧洞资料,施工支洞地下水位埋深 1～10 m,岩体中存在有地下水,施工过程中洞室会有呈线状流水或滴水。

2)4#隧洞施工支洞

4#隧洞施工支洞共 3 座,总长 668 m。4#隧洞施工支洞处于 K1n 泥岩中,根据主隧洞资料,地下水埋深 1～3 m,岩体中存在有地下水,施工过程中洞室呈线状流水或滴水。

3)6#(大湾)隧洞施工支洞

6#(大湾)隧洞施工支洞共 4 座,总长 2 189 m。41 + 550 支洞处于 K1n 泥岩中,后 3 座(43 + 450、45 + 520、47 + 900)支洞处于 K1m 泥岩夹泥灰岩中。根据主隧洞资料,岩体中存在有地下水,地下水埋深约 40 m,施工过程中洞室会有呈线状流水或滴水。

4)8#(开城2#)隧洞施工支洞

8#(开城2#)隧洞施工支洞共 2 座,总长 659 m。支洞处于 K1m 泥岩夹泥灰岩中,钻孔中发现基岩裂隙水,地下水埋深 3～20 m,施工过程中洞室会有呈线状流水。

总体来看,工程隧洞地下水位远高于隧洞,地下水主要接受大气降水的入渗补给,周边围岩属于中透水—微弱透水,工程施工过程涌水。此外,工程运行后,隧洞与周边地下水隔绝,不会对周边山体地下水位、水资源量造成影响。

5.4.2　输水管线对地下水的影响

工程输水管线采用钢筋混凝土管、玻璃钢管、钢筒混凝土管,采用地下暗管输水,管道沿线渗漏水量可能极小,管道埋深一般为 2 m 左右,管径 1.2～2 m,影响范围有限,在一些地势较低的地方,地下水位也在 2～3 m,地下水位重合,对潜层地下水流动将产生阻隔作用,但地下水会以渗透的方式绕过管线,不会导致管线区地下水位抬高,对地表植被影响不大。

5.4.3　蓄水工程对地下水的影响

5.4.3.1　暖水河水库

暖水河水库坝址位于下寺村下游约 1.5 km 的暖水河出口处,库区位于小黄峁山—三关口—沙南断裂和开城—北面河断裂带之间，坝址区距开城—北面河断裂 5.5 km，距小黄峁山—三关口—沙南断裂 7.0 km，地质构造较简单，无区域性大断裂通过库坝区。工作区的地下水主要为第四系含水层中的孔隙潜水、基岩裂隙潜水及承压水三类，均受大气补给，受季节影响很大。地下水多以下降泉的形式沿河及冲沟中分布，出露地表，沿各沟道径流至河谷，下降泉在右岸分布较多。地下水多向河谷方向径流、排泄，是河水的主要补给源。

暖水河河谷大致沿 228°方向由西南向东北展布，拜家沟和暖水河之间山体高耸，岩体完整性较好，未发现存在断裂及贯穿山体的构造破碎带，两岸泉水的出露高程 1 830 ~ 1 900 m，即从沟底至山顶均有泉水出露，地下分水岭高程远高于库水位高程。暖水河水库库区处于基岩山区，两岸马东山组（K1m）的泥灰岩及泥岩呈弱透水—微透水。根据可研实测，该地土壤毛细管上升高度 1.30 m，植物根系层 0.6 m，浸没地下水埋深临界值为1.90 m，水库建成后估算地下水位将壅高 0.2 m 左右，水库将在正常蓄水位 1 838.6 ~ 1 840.7 m 间产生浸没，浸没范围 4.73 亩左右，影响范围有限。

总体来看，暖水河水库建设运行后，将形成新的地表水地下水平衡关系，但地下水补给暖水河水库关系不会发生改变，对暖水河周边地下水影响不大。

5.4.3.2 中庄水库

中庄水库库址位于大马庄水库西北侧，地处陇西系巨形带状构造所形成的清水河断陷带与卫宁东西向构造带—卫宁北山复背斜的交织、复合部位。陇西系形成的清水河断陷带，基岩出露不多，主要沉积物为巨厚的第四系黄土，地质构造较简单。

库区地下水为第四系松散堆积物孔隙潜水，丰水期地表水补给地下水，枯水期地下水补给地表水，地下水位埋深 4.6（主沟道处高程 1 812 m）~ 10.0 m（两岸阶地处高程 1 820 m）。库区两岸均为黄土覆盖，黄土呈弱透水，两侧山体在高于水库正常蓄水位处有 4 处发现有下降泉，但涌水量较小（1 ~ 5 L/min），受季节影响，属于上层滞水，因此并未形成地下水分水岭。

水库岸坡较缓，坡角为 10° ~ 25°。中庄水库建成后，水库正常蓄水位 1 874.37 m，将在岸坡高程 1 874.37 ~ 1 875.37 m 范围内的区域产生浸没，浸没面积 74 600 m² （111.90亩）。水库建成运行后，虽然产生一定范围的浸没，但是由于库区两岸被呈弱透水的黄土覆盖，总体来看对库区周边地下水影响不大。

5.4.4 受水区地下水影响

根据宁夏回族自治区人民政府 2002 年 10 月发布实施的《宁夏回族自治区矿产资源总体规划（2001 ~ 2010 年）》（宁政发〔2002〕87 号），清水河平原七营以南区、葫芦河平原区、六盘山区属于地下水资源限制开采区。受水区的现状地下水取水工程主要位于限制开采区。

项目区城市现有的 5 个地下水源地中，彭堡水、沙岗子水源地存在城镇、农业争水现象，且水质不达标。本工程实施后，工程部分供水量置换调入区部分水质不安全且位于限制开采区的地下水后，规划年彭堡水、沙岗子水源地调整为特枯年份城镇生活的应急水源，在非应急情况下每年减少地下水供水量 252 万 m³，占调入区地下水年供水量的

53.3%,限采后,由于降水及地表水的补给作用,彭堡水、沙岗子水源地的浅层地下水位将有所回升,缩小降落漏斗的面积,进而防止地下水环境进一步恶化,缓解因地下水位下降而引发的环境地质灾害和社会问题,减小地下水环境不可逆转性的损害,保证地下水资源的可持续性,从而保障社会经济的可持续发展。

5.5　供水水质保证性分析

5.5.1　引水水源水质保证性分析

本工程以泾河上游源区的龙潭水库为水源地,并在泾河干支流多条河流上共设置5个截引点,沿途分散取水。

工程主要引水水源龙潭水库位于六盘山自然保护区内,天然植被良好,现状水质较好,为Ⅱ类水。但龙潭水库及其坝下周边为泾河源风景名胜区,游客活动比较频繁,水质受人为活动影响的威胁较大,建议工程运行期将龙潭水库划为水源保护区,设置刺丝围栏,并建立警示牌,禁止游客接近,以保障引水水质。

根据现状水质评价,工程引水水源涉及河流均达到地表水水质标准Ⅰ类、Ⅱ类标准,各截引点矿化度背景值较高,氨氮、化学需氧量、氟化物等因子均存在偶超现象,不过超标倍数都不大,超标截引点附近大都有村庄存在,截引点超标原因可能是村庄排放的废污水进入截引河流。建议现状水质超标的截引点修建截污沟,将村庄排放的废污水导流至截引点下游再入河。另外,运行期各截引点附近也要划分水源保护区,设置刺丝围栏,并建立警示牌,保护截引点水质不受污染。

采取以上措施后,工程引水水源水质能够得到保障。

5.5.2　输水工程水质保证性分析

5.5.2.1　管道及隧洞

工程总输水线路长74.394 km,全部由管道和隧洞组成,形成了全封闭管线,防渗效果好,可有效避免人为因素的影响。

输水管道长35.833 km,全部埋于地下,埋深至少1.5 m,大于项目区最大冻土层厚114 cm。管道材质采用预应力混凝土管(PCP)、钢筒混凝土管(PCCP)和石英夹沙玻璃钢管,玻璃钢管抗腐蚀性较好,PCP、PCCP管道防腐采用管外壁涂5 mm厚环氧煤沥青,并采用阴极保护,可有效避免输水管道受地下水侵蚀影响。

工程输水线路共布置隧洞10座,长36.448 km,全部按无压洞设计,隧洞内壁采用C25预制钢筋混凝土拱片衬砌,并进行回填灌浆,能有效防止隧道内部岩土掉落和崩塌,并能防止外界污染通过围岩渗入。

从以上分析可以看出,工程输水管道和隧洞水质完全能够得到保证。

5.5.2.2　附属建筑物

工程另布置了各类附属建筑物,包括公路路涵17座,生产路路涵26座,防护工程29座,管桥7座,排污检查井、排气补气阀井分别为32座和35座。

路涵全部采用浆砌石盖板涵形式,可提高抗压性和封闭性,有效避免外界污染。

管道穿越较大沟道时均埋设在沟底,布置跨沟防护工程,沟底设宽 1.0 m、高 4.0 m 的截墙;沟坡设高 3.0 m 的砌石护坡,底部设 2.0 m 的深浆砌石齿墙。管道穿越中宝铁路、福银高速公路时,采用 3.0 m×3.0 m 钢筋混凝土箱涵,壁厚 0.25 m,内穿输水管。防护工程对输水管道起到很好的保护作用,能有效防止外界污染。

龙潭水库管桥采用的钢管及管道使用的钢管,内壁喷砂除锈后涂有无毒防腐涂料,漆膜厚度不小于 150 μm,能有效防止内壁腐蚀对供水水质的污染。其他管桥的管材及防腐措施同输水干管。

根据线路检修的需要,工程布置了检查井,可以应对突发性事故,检查井采用钢筋混凝土箱形,壁厚 0.30 m,能有效防止外界污染。不过,线路检修时要提醒检修人员注意防止含油废水进入管线。

为了保证管道运行安全,输水线路设置了排气补气阀井,排气补气阀井结合镇墩布置,在镇墩顶部现浇钢筋混凝土箱形连续墙,壁厚 0.15 m,顶部设盖板,能有效防止外界污染。

综上分析,工程输水线路布置的各类附属建筑物,均采用了防护措施,提高了管道的抗压性和封闭性,可有效避免人为活动及自然因素的不利影响,防止外界污染,保证供水水质。

另外,为了保证运行期供水水质不受突发性水污染事故的影响,输水管线各大重要拐点处均要设置控制阀门,一旦突发性水污染事故发生,可以关闭阀门,阻断水污染下泄流路。不过,若距离隧洞进出口 1 km 以内的管道上已经设置有排污检查井和控制阀门,隧洞进出口可以不再专门设置控制阀门。

5.5.3 调节水库水质保证性分析

工程调节水库有中庄主调节水库和暖水河补水调节水库。中庄水库库址位于大马庄水库西北侧和泉村所在的沟道内,该沟道为季节性冲沟,多年平均径流量仅为 85.56 万 m³,非汛期常年无水,只在汛期降暴雨时有少量径流产生,坝址以上集水面积很小,仅为 11.5 km²,5 月现场查勘时河床干涸,水库周围没有废污水排入。

暖水河水库多年平均入库净年径流量为 988 万 m³,水库周围没有废污水排入,现状水质评价结果表明,水库现状水质较好,为Ⅰ类、Ⅱ类水,能够满足供水水质要求。

虽然现状水质较好,但中庄水库和暖水河水库周围都有坡耕地,且当地水土流失较为严重,一旦运行期有大雨或暴雨发生,产生降雨径流,挟带泥沙及农药化肥进入水库,就有可能发生面源污染。另外,库区移民全部撤出后,若库底清理不彻底,一旦水库蓄水,也会对水质产生影响。因此建议:①虽然项目区降水量较小,发生大暴雨的机会更少,但是为了保险起见,建议在中庄水库和暖水河水库周围设置截污沟和集水池,通过截污沟将暴雨径流导入集水池,以减少面源污染的影响;②库区移民全部撤离后,依据水利部颁发的《水库库底清理办法》(86)水电水规字第 59 号,结合库区具体情况,对库底进行彻底清理。

另外,为了有效保证运行期水库水质安全,建议两个调节水库应参照国家环境保护总局发布的《饮用水水源保护区划分技术规范》（HJ/T 338—2007）要求,将水库及其周围划为饮用水水源保护区,对水库执行水源地保护标准,禁止在保护区内进行开发建设,禁止在水库周围新建排污口等。

在落实水库相关保护措施后,运行期调节水库蓄水水质受人为及自然因素影响较小,能够保持现状,调节水库供水水质可以长期得到有效保证。

5.6　水环境保护措施研究

5.6.1　地表水环境防治措施

工程运行期废污水主要为受水区新增的生活排水以及工程管理人员的生活污水。

5.6.1.1　受水区新增生活排水处理措施

工程运行后,受水区的原州区和海原县现有的污水处理厂规模已经能够满足需要,西吉县不能满足,彭阳县现有规模略小。因此,西吉县污水处理厂应再扩建或者新建1.1万 t/d 的规模,彭阳县需扩建0.5 万 t/d 的规模。

此外,受水区其他各县已有的污水处理厂要保证管网配套并正常运行。

最后,建议有关政府对《宁夏回族自治区"十二五"城镇污水处理及再生利用设施建设规划》在受水区各县规划的污水处理厂的配套中水厂要加大投资保障力度,力求在"十二五"期末建成规划的配套中水厂,使得受水区现行污水处理厂处理后的污水能够全部得到回用。

5.6.1.2　工程管理人员生活污水处理措施

工程运行期管理人员共计98 人,拟设置六盘山供水水务公司,下设 5 个基层管理所,其中乡村地区 52 人,预计生活废水排放总量约为 $1.664\ m^3/d$。由于工程管理人员分布比较分散,且各处产生的生活污水量都很小,建议在管理场所设置旱厕,定期对旱厕污水进行清理,作为附近灌草、农田的肥料使用。生活污水零排放,不进入附近河流。

5.6.2　水源地安全保障措施

本工程水源地包括龙潭水库、各截引点以及暖水河和中庄两个调蓄水库,针对本项目特点,制定水源保护主要措施如下:

(1)参照国家环境保护总局发布的《饮用水水源保护区划分技术规范》(HJ/T 338—2007)要求,将龙潭水库、各截引点和调蓄水库划为水源地保护区,进行重点保护。划分方案如下:

①龙潭水库、暖水河水库水源保护区划分范围。由于龙潭水库有效库容为 2.5 万 m^3,暖水河水库总库容为 560 万 m^3,均为小型水库,故其划分范围为:一级保护区水域范围为正常水位线以下的全部水域面积,一级保护区陆域范围为取水口侧正常水位线以上200 m 范围内的陆域;二级保护区水域范围为一级保护区边界外的水域面积,二级保护区陆域范围为一级保护区以外的上游整个流域。

②中庄水库水源保护。由于中庄水库有效库容为 2 564 万 m^3,为中型水库,故其划分

范围为:一级保护区水域范围为取水口半径 300 m 范围内的区域,一级保护区陆域范围为取水口侧正常水位线以上 200 m 范围内的陆域;二级保护区水域范围为一级保护区边界外的水域面积,二级保护区陆域范围为水库周边山脊线以内(一级保护区以外)及入库支沟上溯 3 000 m 的汇水区域。

③各截引点水源保护区划分范围。一级保护区水域范围:取水口上游不小于 1 000 m,下游不小于 100 m 范围内的河道水域;一级保护区陆域范围:陆域沿岸长度不小于相应的一级保护区水域长度,陆域沿岸纵深与河岸的水平距离不小于 50 m。二级保护区水域范围:长度从一级保护区的上游边界向上游(包括汇入的上游支流)延伸不得小于2 000 m,下游侧外边界距一级保护区边界不得小于 200 m,宽度为从一级保护区水域向外 10 年一遇洪水所能淹没的区域;二级保护区陆域范围:由于各截引点所在的河流均为小型支流或支沟,流域面积都小于 100 km²,故其二级保护区陆域范围是整个集水范围。

由于龙潭水库、各截引点以及暖水河和中庄两个调蓄水库现状水质较好,没有较大污染源汇入,故不再设置准保护区。

在划好的水源地保护区内应设立警示标志牌,限制兴建度假村、疗养院及居民居住区,严禁打井、采石、取土等危害工程安全的活动。个别确需活动的区域,应征得管理部门许可后才能进行。对于在水源地保护区管理范围内的违章建筑应予以拆除。

(2)水源地保护区内要做好水土流失防治工作。从事可能引起水土流失的生产建设活动,必须采取措施,保护水土资源,并负责治理因生产建设活动造成的水土流失。根据水源地保护要求,在水源地附近要种植水源涵养林,实施水土保持工程,防止水土流失造成泥沙对引水水质的影响,并减少氮、磷等营养素的流入量。同时,做好面源防护措施,在现状水质超标的清水沟截引点上游沿河道挖 200 m 的截污沟,将附近村庄排放的废水以及面源导入截引点下游;在中庄水库、暖水河水库周边设排污沟和集水池,拦截面源污染物。水源地保护工程措施布局示意图见图 5-16。

图 5-16　水源地保护工程措施布局示意图

(3)结合工程总体布置,沿水源地保护区四周设置刺丝围栏,围栏外侧设置 30 m 宽的绿化带。水源地保护区围栏外围 50 m 范围内不得修建禽畜饲养场、渗水厕所、渗水坑,不得堆放垃圾、粪便、废渣或铺设污水管道,应保持良好的卫生状况,严禁在水源保护区设置排污口。

(4)供水加压泵站周围实施围栏封闭隔离,围栏外侧种植宽 10 m 的防护林带。

(5)沿输水管线中心线每隔 50 m 埋设混凝土指示桩,桩顶露出地面 0.3 m,桩侧书写"供水管线",加以说明、警示。

（6）建立水源地保护区水体巡视制度，并对其水质进行监测，防止水质污染；建立健全水源保护区突发污染事件预警体系和应急反应体系。在输水管线各大重要拐点处均要设置阀门，一旦突发性水污染事故发生，可以关闭阀门，阻断水污染下泄流路。不过，若距离隧洞进出口 1 km 以内的管道上已经设置有排污检查井和控制阀门，隧洞进出口可以不再专门设置控制阀门。

5.6.3　地下水环境保护措施

主要采取工程措施及非工程措施来减缓工程建设对地下水环境的影响。对于水库渗漏主要修建防渗工程；对于隧洞防渗，施工时应采取排水措施；对于库区浸没引起的地上水位抬升，可以开挖排水渠降低地下水位，从而避免土壤发生次生盐碱化。另外，受水区需节约用水，加大宣传力度，唤起民众对地下水资源的保护意识；科学、合理规划，加强地下水研究工作。

6 生态环境影响与保护措施研究

6.1 陆生生态环境影响分析

6.1.1 生态完整性影响

6.1.1.1 对自然系统生物量和生产力影响

工程永久占地包括中庄水库淹没占地,水库、管线建筑物、截引支线建筑物、新建永久道路、运行管理设施等工程占压占地等。工程占地地类情况见表6-1。

表6-1 工程占地地类情况 （单位:km²）

工程占地	旱耕地	林地	草地	建设用地	合计
永久占地	2.02	0.41	0.38	0.14	2.95
临时占地	0.61	0.49	0.59	0	1.69
合计	2.63	0.90	0.97	0.14	4.64

临时工程占地主要包括干管管线占地、沿线隧洞渣场及管线弃土场、新建进场道路、预制场占地等。经统计,工程临时占地 1.69 km²,其中旱耕地 0.61 km²,林地 0.49 km²,草地 0.59 km²。

工程建设占压、破坏部分自然植被,将会降低该区域的生产力水平,减少自然系统的生物量,由于工程建设导致的研究区自然系统生物量减少及生产力降低情况详见表6-2、表6-3。

表6-2 自然系统生物量减少情况

群落名称	单位面积总生物量 （t/km²）	占地面积 （km²）	生物量减少量 （t）
林地	17 000	0.9	15 300
草地	1 000	0.97	970
农田	1 100	2.63	2 893
居住及建设用地(绿化用地)	42	0.14	5.88
合计			19 168.88

分析可知,工程施工导致区域自然系统生物量降低1.92万t,占施工前总生物量的比例为0.18%;生物量损失不大。生产力平均降低0.017 t/($hm^2 \cdot a$),和现状的生产力水平(5.98 t/($hm^2 \cdot a$))相比,降低幅度非常小。

表6-3 自然系统生产力降低情况

类型	净第一性生产力 (t/($hm^2 \cdot a$))	占地面积 (km^2)	平均减少量 (t/($hm^2 \cdot a$))
林地	6.51	0.90	
草地	5.20	0.97	0.017
农田	6.14	2.63	
建设用地	0.70	0.14	

6.1.1.2 对自然系统稳定状况影响预测

工程施工后,水库库区和截引点附近,建筑用地增多,人工化趋势明显增强,自然植被面积减少,施工区附近由以耕地为主体的自然生态系统向建筑类生境过渡,这些变化减少了自然系统景观的异质性,降低了自然系统的生产力和生物量,这对于研究区生态完整性的维护有一定的负面影响,但占地相对很小,而且管线经过区域均可进行生态恢复,对研究区整体自然系统的生物量和异质状况影响不大,因此本研究认为,工程对研究区的恢复稳定性和阻抗稳定性影响不大。

6.1.1.3 生态完整性影响结论

上述分析表明,工程对研究区的自然生产力和自维持能力的影响有限,因此工程对研究区自然系统的生态完整性影响不大,但对工程区局部区域生态完整性的影响较大,应严格控制施工范围,减小对局部区域生态完整性的影响。

6.1.2 对植被的影响

工程对陆生植被影响主要表现为水库淹没、工程施工等活动造成的植被破坏,其中以旱地为主,其次为草地和林地,林地均为疏林地,工程淹没及占地范围内包括樟子松、油松、云杉等。草地主要包括贝加尔针茅＋短柄草群丛、贝加尔针茅＋铁杆蒿＋菱蒿群丛、甘青针茅＋铁杆蒿群丛、铁杆蒿＋甘青针茅群丛、菱蒿＋铁杆蒿群丛、短柄草＋蕨＋苔草群丛、苔草＋禾叶凤毛菊群丛等。农作物包括玉米、小麦、土豆、大豆等。这些植被类型在周边地区均有分布,工程对陆生植物的影响仅是数量上的损失,不会造成植物种类的消失。

此外,本工程隧道施工及疏水作业对隧道上部地表植被也会产生一定影响。该方案布置隧洞9座,总长35 844 m,线路隧洞所穿越的山体中均有地下水,地下水位高于隧洞,因此输水隧洞会打透地下水层,使地下水外涌(详见地下水预测部分)。地下水外涌会导致地下水位下降,因此会对隧洞上方的植被,尤其是草本植物正常生长产生一定影响。随着工程结束,地下水会漫过隧洞壁,恢复原来的流态,同时随着大气降水的补给,地下水位会逐渐上升,因此工程对隧洞上植被的影响是短期的,影响不大。

工程淹没、占地范围内无国家重点保护植物分布。

6.1.3 对陆生动物的影响

6.1.3.1 工程施工对陆生动物的影响

本工程施工对陆生动物的影响主要表现为工程占地、人员进驻、施工活动等对动物栖息、觅食以及活动范围造成影响。由于不同野生动物的活动能力、生活习性各有不同,工程对各类陆生动物的影响程度亦有所不同,具体分述如下。

1)对兽类的影响

工程施工区兽类以啮齿类小型兽类为主。施工可能会破坏它们的栖息地,施工爆破、施工机械噪声等使其迁移他处,水库淹没等也将导致小型兽类向高处迁移。这些均不会对它们产生大的影响,一段时间后其种群数量便会恢复到原来状态。

调查表明,工程区很少有大型兽类出没,但偶尔会有野猪到农田觅食,由于目前保护区野猪数量非常多,而且移动能力非常强,因此工程对它们影响不大。

现场调查未发现国家重点保护动物金钱豹和林麝的活动痕迹,走访村民也表示在施工区附近多年不见金钱豹和林麝。但鉴于它们活动范围较广,栖息生境类型多样,不能完全排除它们不到施工区附近觅食的可能,由于金钱豹是研究区最脆弱的关键种,工程对野生动物的影响程度主要取决于最脆弱的物种能否忍受工程影响,如果它们能够忍受,则研究区内其他物种也能够生存,研究区内的生物多样性就可以维持现状。为此以金钱豹为关键种,分析工程对大型兽类的影响。

现场调查表明,随着六盘山林地覆盖率逐年增大,金钱豹的数量有所回升,人们见到金钱豹的频次也逐年增多。但由于金钱豹喜欢居于人烟稀少的丛林里,害怕人类,除非食物特别短缺,否则很少到人类活动较多的草地或农田觅食,因此人们见到金钱豹还是很难。研究人员走访的一位护林老人,在林场居住了40年,仅见过3次。

本工程大部分位于农区,只有在保护区实验区内,集中穿过部分疏林地。研究人员在附近村庄专门针对金钱豹是否分布进行了详细走访,走访对象以老人为主,共走访了20多人,他们均表示附近从没有金钱豹出现过,因此本工程穿越金钱豹栖息地的可能性很小。资料表明,单只金钱豹栖息面积20 km^2 左右,六盘山自然保护区678 km^2 的范围可以满足30多只金钱豹栖息。爆破施工和人工、机械活动会通过噪声和振动影响金钱豹的栖息,压缩金钱豹的活动空间,但基本不会侵占金钱豹的领地,不会改变金钱豹对多样生境的要求,而且本工程的影响仅限于施工期,时间较短,因此工程对金钱豹的影响较小。如果控制人工和机械的活动范围,禁止爆破施工,则上述影响还可以降低。

2)对两栖动物、爬行动物的影响

工程施工区有两栖类5种,它们主要栖息在河滩以及低阶地,数量较少;爬行类有4种,它们广泛分布于林地、草地内。

本工程占地类型涵盖了这9种动物的栖息生境,因此可能破坏它们的栖息地。由于两栖类动物的迁徙能力较弱,容易受到施工活动及施工人员的干扰,因而需要加强对施工人员的宣传教育,增强施工人员的动物保护意识,以减少对它们的影响。而爬行类移动能力较强,受到惊扰后会迅速离开,寻找新的栖息地,因此影响较小。

3)对鸟类的影响

施工区内鸟类较为常见,本次生态调查工作中,在施工区附近观察到的珍稀鸟类有国家Ⅱ级保护动物鸢和红隼,但施工区内未见鸟类营巢。在工程施工过程中,工程占地将导致原有植被破坏,使部分珍稀鸟类觅食场所相应减少,由于工程占地面积相对较小,影响也不大。另外,施工机械、车辆的往来以及大量施工人员进驻,对一些听觉和视觉灵敏的鸟类会起到驱赶作用,部分鸟类将不会再出现在该区域,转向其他区域予以回避,但不会造成种群数量的改变,而且这种影响会随着施工的结束而消失。

6.1.3.2 工程运行对陆生动物的影响

工程运行后,中庄水库附近区域陆生动物受影响相对较大。该区域为河谷带,附近陆生动物以两栖类、鸟类为主,水库建成后,库区水位抬升和水域面积扩大,为静水型两栖动物提供了适宜的生活环境,水域岸边生境的改变对适应这一区域的动物的摄食有利,此类动物的种类和数量可能增加。对喜欢湿地生存的部分鸟类有一定的吸引作用,水库周边鸟类的种类和数量将会有所增加。

总体来说,工程兴建不会改变研究区动物区系组成,仅对水库淹没区和移民安置区野生动物的分布及种类数量有一定影响。

6.1.4 对六盘山自然保护区的环境影响

6.1.4.1 工程与自然保护区的位置关系

根据《自治区政府关于六盘山自然保护区划界立标的批复》(宁政函[2011]195号)文件,结合本工程总体布置图及拐点坐标,进行叠加后得到本工程涉及自然保护区内的工程均位于六盘山自治区级自然保护区实验区内。测量得知,距离国家级核心区最近距离2.6 km,距离国家级缓冲区最近距离为0.4 km,距离国家级保护区实验区最近距离2.7 km。工程与自然保护区的位置关系如附图10所示,具体工程内容与六盘山自治区级自然保护区东北部实验区的位置关系见附图11。南侧龙潭水库改造工程与自治区级自然保护区南部实验区的位置关系见附图12。

6.1.4.2 六盘山自治区级自然保护区的工程内容

涉及六盘山自治区级自然保护区实验区的工程内容为:龙潭水库改造工程,主要包括大坝加固、施工隧洞、取水口的改造、滑坡体整治、引水管线;截引点3处,其引水支线总长4.441 km;引水隧洞4段,合计12 042 m;引水管线2段,合计1 445 m;4#隧洞布设3个支洞,总长648 m。本工程自治区级自然保护区实验区内永久占地0.1 hm²,临时占地5.3 hm²。涉及六盘山自治区级自然保护区实验区内的详细工程内容见表6-4。

上述工程的施工营地、渣场均设置在自然保护区以外。

表 6-4　工程组成及六盘山自治区级自然保护区实验区内的详细工程内容

主要工程	工程组成	工程性质	在保护区内的项目	工程涉及保护区的相关参数
水库工程	龙潭水库:由大坝加固工程、取水建筑物工程、输水管道工程、交通道路工程组成	改造	修补原有大坝,加高工作桥、扩建输水隧洞,新建交通洞、取水塔	引水管线1.6 km
	主调节水库中庄水库:由水库大坝、进水工程、输泄水工程、交通道路和坝后生活区五部分组成	新建	—	—
	辅助调节水库暖水河水库:由水库大坝、进水工程、输泄水工程、交通道路和坝后生活区五部分组成	—	大坝及库区部分工程	—
输水工程	管道	新建	桩号 K26 + 790 ~ K27 + 020	长 230 m
			桩号 K33 + 805 ~ K35 + 020	长 1 215 m
	隧洞	新建	2#中庄隧洞部分洞段	长 1 407 m
			3#刘家庄隧洞部分洞段	长 1 840 m
			4#白家村隧洞部分洞段	长 6 785 m
			5#卧羊川隧洞部分洞段	长 2 010 m
	支洞	新建	4 – 1#支洞	长 320 m
			4 – 2#支洞	长 222 m
			4 – 3#支洞	长 126 m
	隧道与管道的连接	新建	—	—
	附属建筑物:管桥、排气补气阀井、排污检查井、路涵、交叉建筑物、镇墩	新建	—	—
截引工程	由红家峡、白家沟、石咀子、清水沟、卧羊川截引支线及截引建筑物组成	新建	白家沟截引点及截引支线	截引支线长 265 m,管径 280 mm
			清水沟截引点及截引支线	截引支线长 212 m,管径 600 mm
			卧羊川截引点及截引支线	截引支线长 964 m,管径 500 ~ 600 mm
泵站工程	石咀子2级补水泵站、暖水河加压泵站由泵站主体、进水汇流罐、出水汇流罐、流量计井及波动预止阀井五部分组成	新建	—	—

主要工程	工程组成	工程性质	在保护区内的项目	工程涉及保护区的相关参数
施工道路	自然保护区内施工道路以利用原有道路为主,部分缺乏交通条件地区新建施工道路,宽4 m,均为临时占地	新建	4-1#支洞施工道路	长 600 m
			4-2#支洞施工道路	长 600 m
			4-3#支洞施工道路	长 420 m
			白家沟截引点施工道路	长 780 m
			清水沟截引点施工道路	长 230 m
			卧羊川截引点施工道路	长 1 500 m

6.1.4.3 对六盘山自然保护区的影响

1)对国家级自然保护区的影响

工程施工区域均在自治区级自然保护区内,不占用国家级自然保护区范围,也不存在对范围内植被的影响,更不存在对保护区功能区划的影响,因此不会对保护区的结构产生影响。

由于工程一部分施工范围距离六盘山国家级自然保护区外边界较近,因此该区域可能有野生动物出没,工程对国家级自然保护区产生的影响主要是施工期对陆生动物的栖息、觅食、活动范围的影响。由于施工人员活动和施工机械运转噪声会对鸟类、兽类、爬行类和两栖类产生一定的惊扰,鸟类、兽类、爬行类受到噪声惊吓后迅速离开,寻找新的栖息环境,施工短期内不再到临近施工区域活动,减小活动范围。两栖类受到惊吓后由于迁徙能力弱容易受到施工人员的干扰,建议严格控制施工范围,合理安排施工时间,增强施工人员保护意识,禁止捕杀野生动物。采取必要的保护措施后,对国家级自然保护区的野生动物栖息功能影响有限。

2)对自治区级自然保护区实验区的影响

(1)对陆生植被的影响。

①工程占地及生物量损失。

本工程在保护区范围内占林地面积 5.4 hm²,其中永久占地 0.1 hm²,临时占地 5.3 hm²。现场调查发现,在保护范围内工程影响的植被主要以林地为主。引水隧洞及其施工支洞进出口开挖,截引点工程、输水管道铺设等造成的植被破坏将引起一定的生物量损失。保护区内工程损失生物量 810 t,详见表 6-5。

施工结束后,临时占地将进行植被恢复,因此工程造成的生物量损失仅发生在永久占地,工程永久占地面积非常有限,造成的生物量损失较小。上述植被中,森林植被是主要保护对象。现场调查发现,被破坏的林地以疏林为主,还有部分低矮灌木,覆盖率一般不高于 30%,均为次生林,且为当地常见种,工程结束后,绝大部分都可以恢复,因此对森林植被的影响不大。现场调查也未发现有国家重点保护植物。

运行期暖水河水库蓄水淹没极小部分自然保护区面积,引起一定的植被生物量损失,但随着水库蓄水运行,在水库消落带将形成相对稳定的水库湿地生态系统,能够弥补由于淹没产生的生物量损失,不会对自然保护区陆生植被造成较大影响。

表6-5　工程在保护区内生物量影响情况

占地类型		林地	合计
永久占地	工程占地(hm²)	0.1	0.1
	平均生物量(kg/hm²)	150 000	
	生物量损失(t)	15	15
临时占地	工程占地(hm²)	5.3	5.3
	平均生物量(kg/hm²)	150 000	
	生物量损失(t)	795	795

②对生物多样性的影响。

工程引水隧洞进出口开挖、输水管线维护道路铺设将不可避免地砍伐一些乔灌木,种类主要为华山松、油松、云杉、辽东栎、虎榛子等,这些树种均为温带植被常见种类,分布广、资源量丰富,且工程砍伐数量相对较少,故本工程对自然保护区植物资源的影响仅是一些物种数量上的减少,不会对它们的生存和繁衍造成威胁,不会降低保护区内植物物种的多样性。

③对森林生态系统及景观的影响。

工程对区域植被资源及植被类型分布影响均较小,造成的生物量损失也较少,仅对施工附近区域有一定影响。现场调查发现,被破坏的林地以疏林为主,均为次生林,且为当地常见种,无国家重点保护植物,工程结束后,绝大部分都可以恢复,因此对森林植被的影响不大,不会对森林生态系统产生显著影响。

施工期内,自然植被将被挖出14 m左右的通道,对实验区局部自然景观形成了切割,因此在一定程度上会形成对物种流的阻隔影响,但由于这个影响仅发生在施工期,而且工程区野生动物不多,因此影响不大。

(2)对陆生动物的影响。

①施工期对陆生动物的影响。

本工程施工对陆生动物的影响主要表现为工程占地、人员进驻、施工活动等对动物栖息、觅食以及活动范围造成影响。对于兽类,现场调查未发现国家重点保护动物金钱豹和林麝的活动痕迹,走访村民也表示在施工区附近多年不见金钱豹和林麝。工程施工机械及人工活动会压缩金钱豹的活动空间,但基本不会侵占金钱豹的领地,不会改变金钱豹对多样性生境的要求,而且本工程的影响仅限于施工期,时间较短,因此工程对金钱豹的影响较小。工程施工区兽类以啮齿类小型兽类为主,少有大型兽类出没,但兽类迁移能力强,施工期短期内对它们的栖息范围产生一定影响,一段时间后其种群数量便会恢复到原来状态。工程对自然保护区内最敏感关键物种——金钱豹的影响较小,则对其他兽类的影响也是可以接受的。

爬行类和鸟类移动能力较强,受到惊扰后会迅速离开,寻找新的栖息地。施工结束后,该区域内种群数量逐渐恢复,因此影响较小。两栖类动物的迁徙能力较弱,容易受到施工活动及施工人员的干扰,因而需要加强对施工人员的宣传教育,增强施工人员的动物保护意识,以减少对它们的影响。

②运行期对陆生动物的影响。

工程运行对野生动物的负面影响很小,主要表现在工程区管理人员的日常活动会对其产生惊扰。运行期影响更多是正面的,例如水库的修建,使得喜欢湿地生存的鸟类栖息地增加,方便了一些野生动物的饮水等。

(3)对鱼类的影响。

①施工期影响。

在工程建设过程中,挡水围堰破坏库区内原有鱼类栖息地,泥沙含量的增加使库区局部水体浑浊,透明度下降,对鱼类,特别是仔幼鱼的栖息不利;下泄泥沙对下游河道鱼类生境造成影响,泥沙含量的瞬时增加可能使鱼类死亡;在施工过程中,施工人员和各种机械在水中作业,声、光、电等物理因素对施工河段鱼类生长、繁殖和迁移造成不利影响;浮游生物和底栖生物量的暂时性减少会影响到以其为饵料的鱼类,导致资源量下降。龙潭水库是鱼类越冬、产卵繁殖的重要场所,工程施工将会使龙潭水库水文情况改变,水位降低、水质下降,库岸带消落区裸露,鱼类的产卵、越冬将会受到威胁。

②运行期影响。

龙潭水库改造工程引水后,多年平均条件下水库下泄水量较工程扩建前将减少42%,造成坝下鱼类生境萎缩,鱼类资源量将有所下降。但工程运行后,河道流水形态不发生改变,鱼类种类不会发生显著变化。部分枯水时段会成为水生生物无法越过的屏障,导致生物通道的横断,水域的连续性功能降低,这一影响会使局部区域水生生物出现阻隔效应。

暖水河水库大坝及截引点工程溢流坝的阻隔使大坝上游形成小型水库,在一定范围内改变了鱼类生境,原来河流性鱼类会寻找新的栖息地,对鱼类造成不可逆影响;大坝以下下泄水量减少,鱼类生存环境改变,由于浮游生物和底栖生物数量的减少,饵料资源匮乏,将影响部分鱼类的生存;在枯水期这一状况将加剧。下泄水量的减少使得鱼类生境萎缩,鱼类资源量将有所下降。但保护区内各截引点处在支沟的源头附近,下游仍有溪流汇入,仍有鱼类产卵场存在,因此鱼类种类不致遭到显著影响。

(4)土地利用方式影响。

保护区范围内工程占林地面积5.4 hm²,其中永久占地0.1 hm²,临时占地5.3 hm²。工程占地将对土地资源造成不同程度的破坏、占压,从而对区域土地利用产生影响。考虑工程占用的自然保护区林地面积占保护区林地总面积的比例很小,因此不会对区域现有土地利用方式造成较大影响。

(5)对自然保护区生态系统结构和功能的影响。

①对保护区生态系统结构的影响。

生态系统的结构主要指构成生态诸要素及其量比关系,各组分在时间、空间上的分布,以及各组分间能量、物质、信息流的途径与传递关系。生态系统结构主要包括组分结构、时空结构和营养结构三个方面。

A. 施工期。

在工程施工期,对于陆生生态系统,施工将导致植被减少,这在极小的局部范围减少了野生动物的栖息地和食物来源。土壤微生物受施工车辆碾压或弃土掩埋将大量死亡,这些将减少土壤中分解者的数量,从而减缓物质循环速度。因此,短期内施工区附近的物质循环和能量流动过程会受到较大影响,但施工结束后,这些很快会恢复到原来状态,因此对生态系统的结构影响不大。

B. 运行期。

工程运行后,临时占地的植被得到恢复,生物量损失较小。工程区内的河道被河流下切较深,而林木基本分布在地势较高的山坡,植被需水主要依靠地下水,因此保护区河流水量的减少基本不影响植被需水过程,不会对植被造成显著影响。噪声对野生动物的惊扰结束,陆生动植物的栖息环境较工程建设前基本无变化,野生动物种群、结构、数量较工程建设前均不会发生显著变化。

总体来看,工程建设后,保护区水、大气、声等自然环境,以及野生动植物种类、生物多样性均基本无变化,保护区将维持其原有组分结构、空间结构和营养结构,工程运行对生态系统成分和营养结构无显著影响。

②对保护区生态系统功能的影响。

A. 对保护区内野生动物栖息功能的影响。

在六盘山自然保护区内,植被茂密,为众多野生动物提供了理想的栖息地,因此生物多样性保护是该保护区的主要生态功能之一。但本工程涉及区域植被稀疏,人类活动比较频繁,不是野生动物集中分布的区域,龙潭水库及其下游已经被开发成风景名胜区,修建了比较完备的旅游基础设施,由于受到人类活动的长期干扰,少有动物出没。其他保护区内的工程区已经变成农业区,野生动物亦非常少,因此对野生动物的栖息功能影响不大。

B. 工程对保护区水源涵养功能的影响。

宁夏六盘山自然保护区是我国西北典型的、重要的水源涵养林区,在涵养水源、调节气候、保持生态平衡方面发挥着重要作用。在水源涵养效益中,起主导作用的要素为植被、土壤及地质构造等三大类连环结构,并与地势地貌有关。

a. 森林在涵养水源中的作用。

降雨是该区域水资源的唯一收入项。根据六盘山的地势条件,当潮湿的气团前进时,遇到高山阻挡,气流被迫缓慢上升,引起绝热降温,发生凝结,形成地形雨。根据《六盘山自然保护区科学考察》,从保护区的降水量资料进行初步分析,扣除纬度、高程等影响,林区能使降水量增加2.2%~6.1%。由此可知,影响六盘山地区降水量的最重要因素是地形条件,林区植被减少地表蒸发损失,促进局地气候良性循环,但对降水量增加数量不多。

降雨被土壤吸收后,当表层土壤吸水饱和时,水就向下渗,当降雨强度大,超过植被和土壤的吸收率时,即可产生径流,若降雨强度不超过土壤下渗强度,则下渗后汇集于岩石裂隙中,形成地下水。林区的土壤在植物根系作用下,空隙较无林区大,吸收水量较多,土壤含水量显著大于非林区。降雨产生后,较无林区更易产生径流或形成地下水。

b. 工程对水源涵养因素的影响。

决定区域水源涵养功能的要素主要为植被、土壤、地质构造、地势地貌,本工程对区域土壤、地质构造、地势地貌均无显著影响,相对上述三要素来说,对植被影响相对较大。而工程占用自然保护区面积比例较小,且临时占地范围在施工结束后必须进行植被恢复,工程对保护区森林的影响不大,因此此处重点分析工程运行后自然保护区内涉及河流水量的减少对森林植被的影响,并进一步分析对保护区水源涵养功能的影响。

Ⅰ.水文情势变化情况。

龙潭水库截引断面多年平均条件下,逐月水量减少比例范围为38.36%~73.71%,截引比例较高,主要集中在枯水期。龙潭水库截引点下游2 km处,汇入南沟等支流,多年平均月均径流量为11.67万 m^3,沿途支流水量的陆续汇入,对下游河道水量的补给在一定程度上降低了上游引水对下游河道的水文情势影响。

在多年平均条件下,暖水河年逐月水量减少比例范围为45.93%~83.63%。

在多年平均条件下,卧羊川、清水沟所在的颉河逐月水量减少比例范围为61.35%~89.50%。在清水沟截引点下游2 km、卧羊川截引点下游4.5 km处,分别有五保沟、瓦亭沟等支流沿途陆续汇入,月均径流量分别为18.67万 m^3 和137.0万 m^3,将大大降低对截引点下游河道的水文情势影响。

Ⅱ.水量减少对保护区水源涵养功能的影响。

从上述水文情势分析可知,本工程截引点下泄水量虽然较工程建设前均明显减少,但其下泄水量均可满足断面生态水量需求,且各截引点下游不远处,均有较大支流汇入,可缓解下游河道水量减少的程度。

此外,工程区内的河道被河流下切较深,多年平均径流深为10~100 mm,一年中大部分时段,尤其在旱季,都是地下水补给河道,河水对两岸地下水补给量很少,并且河道流量较小,地下水补给量有限,不会因河道水量减少引起地下水位发生变化。再者,保护区植被基本分布在地势较高的山坡,因此工程的建设基本不影响植被需水过程,不会对保护区森林植被涵养水源的工程造成影响。

Ⅲ.隧洞施工对水源涵养功能的影响。

工程隧洞施工过程中部分洞段穿越含水体,对地下水有一定的影响。隧洞穿越区地下水均为基岩裂隙水,施工过程中隧洞岩体中均存在地下水,集水主要是裂隙渗水,洞室呈线状流水、滴水或涌水,来自洞顶部和侧壁。根据地质查勘试验,隧洞施工期间涌水量有限,在及时采取顶部铺防雨布接水,并导向两侧,然后分段设集水井抽排,以及初期钻孔、注浆等地下水封堵措施后,隧洞施工对地下水影响较小。此外,隧洞涌水可能会对隧洞上方的植被尤其是草本植被正常生长产生一定影响,但隧洞最大净高2.35 m,最大宽度仅为2.14 m,随着工程结束,地下水会漫过隧洞壁,恢复原来的流态,同时随着大气降水的补给,地下水位会逐渐上升,这个影响也会减弱,因此工程对隧洞上植被的影响是短期的,影响不大,不致对洞顶植被产生显著影响,对自然保护区水源涵养功能基本无影响。

森林在稳定河川径流中作用巨大,是决定水源涵养最重要的影响因素。本工程建设仅对较小面积的林地有所破坏。此外,工程实施对区域降雨、蒸发、土壤、岩层等水源涵养要素均无显著影响,总体来看,工程建设对宁夏六盘山自然保护区的涵养水源功能影响微弱。

（6）其他影响。

施工期主要是基坑废水、混凝土拌和冲洗及养护废水、隧洞涌水、含油废水和生活污水排放产生的影响。考虑位于自然保护区内且水环境水质均为Ⅰ类、Ⅱ类水水体，因此要求废水全部回用，不得外排。生产固体废弃物均运往自然保护区外的弃渣场统一堆放，弃渣结束后采取水保措施恢复原有地貌；生活垃圾设置垃圾收集站和生活垃圾桶，定期收集运到垃圾处理厂处理。施工期设置旱厕，定期清运用作农肥。运行期在管理场所设置水厕、化粪池，定期对化粪池污水进行清理，作为附近灌草、农田的肥料使用。自然保护区内施工时间有限，扬尘、废气以及施工噪声短期内会对施工周边声环境、环境空气造成不利影响，但采取措施后能够使影响降到最低限度。

6.1.5 对六盘山国家森林公园及泾河源风景名胜区的影响

6.1.5.1 六盘山国家森林公园与泾河源风景名胜区的位置关系

根据《自治区人民政府关于同意泾河源风景名胜区为自治区级风景名胜区的批复》（宁政函[1995]36号），泾河源风景名胜区由荷花苑、老龙潭、凉殿峡、鬼门关、沙南峡等5个景区，秋千架、延龄寺石窟、堡子山公园、六盘山自然资源馆、城关清真寺等5个独立景点组成，规划总面积44.90 km^2。该风景名胜区以独特的自然山水、森林景观和回乡风情为特色，是以风景游览、疗养避暑和科学考察为主的风景名胜区。

据《国家林业局关于同意建立小龙门等13处国家森林公园的批复》（林场发[2000]74号），批复文件中含六盘山国家森林公园面积7 900 hm^2，根据走访六盘山国家森林公园管理部门，老龙潭景区属于六盘山国家级森林公园景区之一。即本工程涉及的泾河源风景名胜区范围完全在六盘山国家森林公园范围内。

6.1.5.2 工程与泾河源风景名胜区的位置关系

根据《宁夏固原地区（宁夏中南部）城乡饮水安全水源工程可行性研究报告附图6集》、《宁夏固原地区（宁夏中南部）城乡饮水安全水源工程可行性研究报告》，通过实地调查和走访，根据1995年银川市园林设计院编制的《泾河源风景名胜区总体规划》，老龙潭景区边界为：东南以通往二龙河林场路为界，西北以通往干海子电厂为界，规划面积3.43 km^2。根据该边界，本项目部分工程内容涉及泾河源风景名胜区，主要为龙潭水库加固工程及G10之前的输水管道工程在风景名胜区范围内，占地面积合计3.71 hm^2。

6.1.5.3 工程对风景名胜区的影响

1）对景区植被的影响及措施

挖掘管线沟会破坏少量植被，该处植被为灌木丛，长度为1.6 km，占地面积为3.71 hm^2，植被类型包括虎榛子-铁杆蒿+茭蒿群丛、虎榛子-短柄草+苔草群丛、灰栒子-铁杆蒿群丛和高山绣线菊群丛。伴生的草本植物包括东方草莓、野棉花、阿尔泰狗哇花、多种委陵菜、野菊、柔毛绣线菊、水栒子、二色胡枝子等。开挖损失影响仅在施工期，施工结束后，临时占地通过覆土种植原有物种，经过自然恢复后对区域植被影响较小。永久占地范围大部分面积为滑坡体，现状植被覆盖率较低，工程建设基本不会对风景名胜区植被造成显著影响。

2)对景观的影响

利用原有输水洞从泾河左岸输水,以竖井爬坡方式直接将管道接到沟底,高36 m,尺寸为5 m×8.2 m,然后在沟底开挖3.0 m×3.0 m沟槽,输水管道安装就位后采用混凝土回填,埋深至沟道下1.5 m,施工结束后仅竖井爬坡方案对景区有一定的影响。竖井为混凝土结构,直接裸露河边影响景区景观,采取适当美化和周围自然山体相协调后能够减缓对景观的影响。另外,可以在竖井裸露面河滩地上种植挺拔植被,掩盖竖井裸露面后影响较小。河底管道仅在施工短期内影响景观,施工完成后已在泾河河底,不会裸露影响景观。考虑施工期景区不对外经营,因此总体影响不大。

6.1.6 水土流失影响预测

本工程为建设类项目,水土流失预测分为施工建设期(施工准备期)和自然恢复期(试运行期)。其中,施工建设期4年,自然恢复期2年。

6.1.6.1 扰动原地貌、土地和损坏植被面积

工程建设和试运行过程中,地面设施的兴建、开挖、填筑等不同程度、不同形式地扰动了原地貌形态,损坏了地貌、林草植被和地表土体结构。根据对主体工程的分析及现场勘察,本工程施工和运行期间共扰动原地貌、损坏土地和植被面积436.94 hm²,其中永久占地为268.52 hm²,临时占地为168.42 hm²,具体见表6-6。

表6-6 扰动原地貌、土地和损坏植被面积　　　　　　　　　(单位:hm²)

项目名称	永久占地				临时占地			合计
	旱耕地	林地	草地	其他	旱耕地	林地	草地	
水库工程区	128.12	31.33	24.07	13.42				196.94
管道及隧洞工程区	5.40	4.68	5.95		32.43	30.32	10.82	89.60
泵站及工程管理所	0.13	0.51	0.05	0.75				1.44
弃渣场区					5.93	1.19	28.11	35.23
道路工程区	14.27	4.77	8.08		16.66	6.85	14.08	64.71
施工生产生活区					5.58	10.59	5.86	22.03
移民安置区				26.99				26.99
小计	147.92	41.29	38.15	41.16	60.60	48.95	58.87	436.94
合计	268.52				168.42			

6.1.6.2 损坏水土保持设施面积

本工程建设区占地类型主要为具有水土保持功能的林地和草地,经统计,本工程共损坏水土保持设施面积为187.26 hm²,详见表6-7。

6.1.6.3 工程建设可能造成的水土流失量预测

本工程在预测时段内,水土流失总量为49 629.7 t,其中水土流失背景流失量为16 517.6 t,新增水土流失量共计33 112.1 t。

建设期内,扰动土地水土流失总量为 39 101.9 t,其中新增水土流失量为 30 323.6 t,占预测时段内新增流失量的 91.6%。自然恢复期预测水土流失总量为 10 527.8 t,新增水土流失量为 2 788.5 t,占预测时段内新增流失量的 8.4%。主要发生在水库工程区、弃渣场区、施工生产生活区、管道及隧洞工程区、道路工程区等。因此,施工建设必须与水土保持工程建设同步进行,并适当采取一定的临时性防护措施,尤其是建设期水土流失防治措施的布局设计中,应重视工程拦渣和合理堆放使用。

表 6-7　损坏水土保持设施面积　　　　　　　　　　　　　　（单位:hm²）

项目名称	永久占地		临时占地		合计
	林地	草地	林地	草地	
水库工程区	31.33	24.07			55.40
管道及隧洞工程区	4.68	5.95	30.32	10.82	51.77
泵站及工程管理所	0.51	0.05			0.56
弃渣场区			1.19	28.11	29.30
道路工程区	4.77	8.08	6.85	14.08	33.78
施工生产生活区			10.59	5.86	16.45
小计	41.29	38.15	48.95	58.87	187.26
合计	79.44		107.82		

6.2　水生生态环境影响分析

工程对水生生态环境的影响主要是截引工程和水库工程建设运行引起的,其中水库工程主要为龙潭水库、暖水河水库和中庄水库,龙潭水库影响已在前文部分进行分析,在此不再赘述。据现场实地调查,中庄水库为季节性河流,枯水期没水,鱼类及水生生物难以生存,因此施工期主要分析截引工程引起的影响,运行期主要分析截引工程、暖水河水库、中庄水库引起的影响。

6.2.1　对湿生植物影响

施工期截引建筑物建设,引水渠道改造,施工产生废水和泥沙、土石方和废料的暂时堆放对湿生植物造成影响,局部地区湿生植物生境受到干扰,生物量减少。运行期截引点上游形成的小型水库,使原来一定范围内的湿生植物被淹没,湿生植物的种类发生变化,有利于某些种类的生长,生物量增加;截引点以下,河道内水量减少,水位降低,影响湿生植物的生存。

运行期,随着中庄水库和暖水河水库库区水量的增加,水位上升会淹没原有的水生植物和在河岸交错带的湿生植物,淹没到一定范围会影响植物的光合作用和呼吸作用而造成水生植物死亡;随着库区蓄水量的提高,库区内的湿度将增加 2%~4%,有利于湿生植物的生长,在新的水陆交错地带,会形成新的湿生植物群落,水域面积更大,湿生植物生物量总体增加。

6.2.2 对浮游生物影响

施工期截引建筑物建设等产生的泥沙,随着水流向下游扩散,引起截引点和下游部分河道水体浑浊,影响浮游植物的生长,使浮游动物数量减少、种类简单化,主要表现在原生动物耐污种类的数量暂时性增加,而枝角类、桡足类种类和数量暂时性减少。在工程运行期,截引点上游形成的小型水库,在一定范围内改变了浮游生物生境,总体上是生物量增加。截引点以下,水量减少,浮游生物生境萎缩,其生长和繁殖受到影响。在枯水期水量减少,留存的少量水体浮游生物密度和生物量会有所升高,但浮游生物种类总量会明显下降,下泄生态流量能够减缓影响。

新建暖水河水库、中庄水库,原有的河流变成水库,浮游植物的种类会发生变化,由河流型向湖泊型转变,水体环境由河流生态型向水库生态型转化,水面增大,水体流速减缓,水体营养物质滞流时间延长,泥沙沉降,水体透明度增大,被淹没区域土壤内营养物质渗出,水中有机物质及营养盐将增加,这些条件的变化均有利于浮游植物的生长繁殖,但会慢慢趋于稳定,硅藻等清水藻类仍将是其主要类群。轮虫类将出现且成为常见种,枝角类种类明显增加,浮游动物种类尤其是大型浮游甲壳类增加,生物量总体增加。

6.2.3 对底栖生物影响

施工挡水围堰、导流渠开挖,原有河道占用,底栖生物栖息地受到破坏,生物量减少;施工产生的泥沙引起下游水体水质下降,短期内影响底栖生物生存。工程运行期,截引点上游在一定范围内改善了底栖生物生境,种类发生变化,总体上是生物量增加。截引点以下河道水量减少,在丰水期,河段流量较自然状态有所减少,底栖动物的生境相应缩小,受影响较小,变化量有限,对底栖动物的种类、数量影响不大;在枯水期,来水量减少使河道纳污能力降低,水质下降,底栖动物的生境受影响较大,原有的种类和数量会发生变化,耐污种类寡毛类、羽摇蚊等将显著增加。如果截引点以下河道保持基本的生态流量,底栖生物受到的影响将会减小。

暖水河水库、中庄水库的运行,使原有的河道型生态变成缓流的水库生态,水中营养物质在库中滞流时间延长,水体初级生产力增加,加上库底底质泥沙化,由砾石、沙卵石为主逐步向泥沙型、淤泥型发展,底栖动物的种类组成和数量以及分布等都将随其生活环境的变化而变化。原河流中石生的种类、喜高氧生活的种类将显著减少,如蜉蝣目中的扁蜉、毛翅目中的石蚕等种类会显著减少,而适于静水、沙生的软体动物、水蚯蚓和一些广生性的摇蚊种类将会增加;水库正常蓄水后,底栖生物种类和数量趋于稳定。

6.2.4 对鱼类影响

施工期施工引起水体浑浊,透明度下降,人类活动及机械噪声干扰惊吓鱼类向施工区域上、下游栖息,短时间内对鱼类生境范围产生影响,尤其是对幼鱼的栖息不利。另外,水体水质变差引起浮游生物和底栖生物量的暂时性减少,也会导致以此为饵料的鱼类资源的下降。

工程运行期间,截引点上游形成的小型水库,在一定范围内改变了鱼类生境,原来河流性鱼类会寻找新的栖息地,对鱼类造成不可逆影响;在截引点以下,由于流入下游河道水量减少,过水面积减少,水位下降,使得下游鱼类生存环境发生改变。工程涉及截引点部分设置在泾河一级和二级支流上,根据实地调查,各支流截引点过水面积较小,工程运行后,下游鱼类生存面积进一步缩小,将会对鱼类繁殖及生存产生一定的影响。工程运行后,下游河段水量减少,导致浮游生物和底栖生物数量的减少,造成饵料资源匮乏,将影响部分鱼类的生存;水量减少,鱼类的洄游受到影响,繁殖能力降低。

工程运行期,暖水河水库的建成将会使原有河流的连续性受到影响,鱼类生境片段化,影响鱼类生存;水库蓄水后,流水生境淹没,水生生物由河流相向湖泊相演变,鱼类饵料结构发生了较大变化,从河流性的游泳生物、底栖动物和着生藻类为主向浮游生物为主转变,相应地,鱼类资源的种类结构也相应发生变化,流水性鱼类向库尾以上及支流迁移,在库区中的资源量会大幅度下降,甚至在库区消失,以浮游生物为食的缓流、静水性鱼类成为优势种群,鱼类种类发生变化,数量总体增加。中庄水库运行后,水量大幅度增加,浮游生物及底栖生物种类增加,饵料资源丰富,以浮游生物为食的缓流、静水性鱼类将随着水流的方向逐渐迁移到该区域,并成为优势种群,鱼类数量也将会增加。

6.2.5 对鱼类产卵场影响

工程施工会破坏位于卧羊川截引点和石咀子截引点附近的鱼类产卵场,鱼类繁殖期施工会影响鱼类的繁殖。工程运行期,截引点附近形成的小型水库,有利于鱼类繁殖;截引点下游,水量减少,下游调查分布的清水沟截引点下游和卧羊川截引点下游产卵场面积缩小,对鱼类繁殖产生一定的影响。但是,调查范围内鱼类繁殖期多在5~6月,此期间水量充沛,对产卵场造成影响将会降低。暖水河水库运行后,水体形态由河流型转变为湖泊型,溪流性鱼类慢慢向定居性鱼类转变,库区有利于鱼类产卵。

6.3 生态环境保护措施

6.3.1 陆生生态保护措施

6.3.1.1 **总体措施**

(1)根据工程设计文件明确施工用地范围,进行标桩划界,设置护栏、标志牌等明显界限标志和设施,禁止施工人员、车辆进入非施工占地区域。

(2)合理安排弃土堆放。施工期间,将被占压土地上的表土剥离,地表腐殖层和下部土层分别进行堆放,弃土时先放下层土,最后将表层腐殖土铺于上面。根据施工情况尽可能边弃土边恢复,减少水土流失。

(3)根据施工前植被类型,选用本地物种及时进行植被恢复。林地栽植乔灌混交林,其中乔木选择云杉,株行距3 m×3 m,灌木选择榛子;渣场等施工场地采用灌木与草结合的方式进行植被恢复,其中灌木选用榛子、沙棘、紫穗槐等,草种选用铁杆蒿、红豆草等。

(4)建立生态破坏惩罚制度,严禁施工人员非法猎捕野生动物;非施工区严禁烟火、垂钓等活动,减少对野生动物的干扰。

(5)鸟类和兽类大多是晨(早晨)、昏(黄昏)或夜间外出觅食,正午是鸟类休息时间。尽可能避免在夜间、晨、昏和正午进行爆破,减少工程施工爆破噪声对野生动物觅食、休息的惊扰。

(6)将研究区内重点保护的和特有的植物印成图片,分发给施工人员,一旦见到,要及时采取移栽等保护措施。

(7)穿越保护区的输水管道埋设完以后,在管道所占用的林地和草地上采取当地物种进行植被恢复,防止外来物种入侵。

6.3.1.2 分区措施

水土流失防治措施体系由一级分区的不同防治亚区治理措施构成,根据各水土流失防治区的特点和水土流失状况,确定各区的防治重点和措施配置。按照预防措施和治理措施(包括永久措施和临时措施)相结合、工程措施和植物措施相结合的原则,拟定本工程的水土流失防治措施体系,详见图6-1。

1)水库工程防治区

中庄水库和暖水河水库上游库岸绝大部分区段植被保存良好,多为乔灌混交林,根枝发达,植被覆盖率高达85%以上,具有良好的保土保水作用,局部区段植被有损坏形成疏林地或为坡耕地,水库蓄水后,在水库坝下及其坝肩处要恢复植被,可栽植灌木丁香和连翘,株行距1 m×1 m,穴状整地0.3 m×0.3 m,防护面积为1.52 hm²,共计栽植丁香7 600株,连翘7 600株。

水库后坝坡主体工程采用混凝土隔条内植草皮的护坡方式,能够较好地防治水土流失;在水库外坡脚下栽植乔木侧柏和垂柳,株行距2.0 m×2.0 m,共计栽植侧柏920株,垂柳920株。

2)管道及隧洞工程防治区

项目所在区域为山区,经现场勘察及地形图量测,管道所经地段有一大部分是在山地坡面上,由于项目区降雨比较集中,在隧洞进出口上方布设拦挡排水沟,导走上方来水,共10个主隧洞,20个主进出口,10个施工支洞,10个施工支进口,布设300 m长混凝土板排水沟,排水沟净深0.5 m,净底宽0.5 m,边坡比为1:1,采用5 cm厚的混凝土板砌护、水泥砂浆勾缝。

由于项目区位于国家级水土流失重点治理区,根据各区段地形、气候及土壤条件,选用当地适生的灌木、草种,管道埋设完以后,在管道所占用的30.32 hm²林地和10.82 hm²草地上撒播草籽及栽植灌木;草籽撒播密度为80 kg/hm²;灌木株行距1 m×1 m,穴状整地0.3 m×0.3 m。隧洞进出口上方根据地形情况也应布置植被恢复措施,在洞口两侧撒播草籽,洞口上方栽植攀援植物爬山虎进行攀爬绿化,株行距为0.5 m×0.5 m。

输水工程建筑物主要是输水管桥、阀井、路涵、镇墩等,防护措施主要是在7座管桥的两侧坡面进行绿化,采取撒播草籽、栽植攀援植物爬山虎进行绿化。南部段灌木选择榛子,草种选择铁杆蒿;北部段灌木选择沙棘,草种选择红豆草。输水主管道及截引

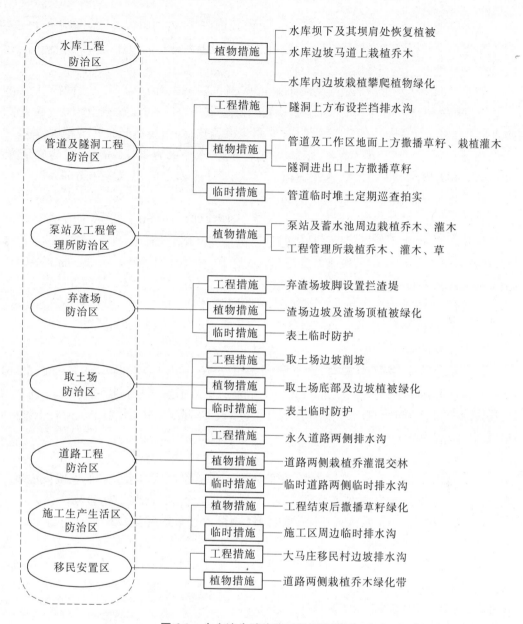

图6-1 水土流失防治分区及措施体系

支线管道所经地类主要为旱地、林地和其他草地。输水采取管道或穿越隧洞的方式，其管沟开挖采用管沟挖掘机开挖和人工开挖结合的方式，开挖土方就近堆放于管沟两侧，待管道安装完毕后回填土方，平整、恢复原地类。此外，管线开挖出的土方在回填前形成一线状堆积的土埂，对集雨坡面的流线具有重新分割和集流作用，易于引发新的沟蚀危害，雨季应对沿途管线做定期巡查维护，及时对冲刷部位进行人工修整，消除沟蚀隐患。

3）泵站及工程管理所防治区

泵站工程主要包括石咀子一泵站、石咀子二泵站、暖水河补水泵站，工程管理所包括龙潭水库管理所、暖水河水库管理所、中庄水库管理所、下青石咀管理所。泵站工程及管理所房屋均为砖混结构,靠近村庄、乡镇,在措施布设上考虑与周边环境协调,且能防止水土流失的产生。

在泵站的周边栽植当地适生的苹果树和沙枣树,树苗规格为胸径 8 cm,株行距 3 m × 3 m,4 行苹果树,3 行沙枣树;靠近围墙外侧栽植灌木紫穗槐 3 行,株行距为 0.5 m × 0.5 m。在工程管理所院落内侧栽植苹果树,外侧栽植侧柏,栽植规格同泵站工程区,院落外部及内部空闲地栽植小灌木紫穗槐,撒播红豆草籽,撒播量为 80 kg/hm^2。其措施量为:苹果树 1 400 株,沙枣树 1 050 株,侧柏 1 050 株,紫穗槐 21 000 株,草籽 0.6 hm^2。

4)弃渣场防治区

在堆渣之前,对各渣场表层熟土进行剥离,剥离厚度 40 ~ 50 cm。根据渣场类型、地形条件和堆渣量,水土保持工程防护措施主要包括挡渣墙、拦渣堰、排水沟等。施工结束后,在各渣体顶面覆盖土层,覆土厚度按 50 cm 考虑,渣体边坡覆土厚按 30 cm 考虑。覆土全部来自剥离的渣场原表层土。渣场坡面覆土后,选用当地适生灌草种进行绿化。乔木选用云杉,灌木选用榛子和沙棘,草种选用铁杆蒿、红豆草等。共栽植云杉 6.46 万株,榛子 14.36 万株,沙棘 13.08 万株,铁杆蒿 14.36 hm^2,红豆草 13.08 hm^2。

5)取土场防治区

取土场包括暖水河(秦家沟)取土场、中庄取土场,占地面积分别为 9.0 hm^2、30.31 hm^2,均位于库区水面淹没范围内,因此施工结束后不采取水土保持措施;在施工前对取土场内的表面杂土进行剥离,剥离厚度为 0.4 m。土堆基部采用草袋装土临时拦挡,临时挡墙高度拟定为高 1.0 m、顶宽 0.5 m、底宽 1.5 m。

6)道路工程防治区

施工道路分永久道路和临时道路,在南部段永久道路两侧来水较多的地段设混凝土板砌筑排水沟,并在两侧栽植乔灌混交林,乔木选择云杉和侧柏(树苗规格为苗木高度 1.2 m,单行,株距 3 m),灌木选择榛子和沙棘(规格为冠丛高 60 cm,3 行,株行距 1 m × 1 m)。施工临时道路使用完后所占用的林地和草地分别栽植灌木榛子和沙棘,株行距 1 m × 1 m,撒播草籽铁杆蒿和红豆草恢复植被,撒播密度 80 kg/hm^2。由于项目区降雨较少且道路远离泵站及蓄水池等工程区,为保证林草成活率,在植物措施实施后需进行幼林抚育,抚育期为 2 年,可根据实际情况进行抚育。

7)施工生产生活区防治区

施工生产生活区包括生产区、生活区和预制场。工程结束后占用的 5.86 hm^2 草地全部进行撒播草籽绿化,占用的 10.59 hm^2 林地全部栽植乔灌混交林。乔木选用云杉,株行距 3 m × 3 m;灌木选择榛子,株行距 1 m × 1 m;草籽选择铁杆蒿,撒播密度 80 kg/hm^2。根据施工生产区规模、使用时间、周边根据地形及季节挖临时排水沟。

8)移民安置区

本工程移民安置主要涉及泾源县的暖水河(秦家沟)水库和原州区的中庄水库,在库区淹没范围内的居民需要搬迁。主体工程设计的移民安置区绿化、道路两侧绿化和排水沟均能满足水土保持要求,本次补充设计移民安置区外侧坡面排水沟。

6.3.2　水生生态保护措施

6.3.2.1　施工期

1）对浮游植物的保护措施

截引工程、泵站基坑、水库大坝修建施工需要涉及水体,会导致泥沙含量增多,水体浑浊,水体透明度下降,浮游植物光合作用降低,工程施工时定期进行水质监测并根据实际情况改进施工工艺,若施工区域水体浑浊严重,应选择间歇性施工方式。

2）对底栖生物的保护措施

由于截引工程、泵站基坑、水库修建施工占用一定的底栖生物栖息地,所以底栖生物生物量的损失是无法避免的,施工过程中要遵循"不动、少动"的原则,尽量做到不破坏河床、水库底质,对于无法避免的占用开挖应严格控制施工范围,尽量减少对底栖生物栖息地的破坏。

3）对鱼类的保护措施

（1）合理安排施工时间:应避免在鱼类繁殖期进行施工;若必须在鱼类产卵期施工,应避免夜间施工。施工过程中要尽量保证鱼类的洄游通道的畅通。

（2）加强对施工人员的管理:提高施工人员的鱼类保护意识,严禁施工人员捕鱼,尽量保证鱼类种群数量的稳定。

（3）优化施工工艺:水下施工时尽量避免鱼类受到机械性损伤而死亡,减少水下施工量、施工时间,将对鱼类的干扰、惊吓降到最低,保证鱼类生存生长环境的稳定安全。

（4）减少对鱼类产卵场的破坏:由于各支沟水量不大,水面狭小,产卵场面积较小,一般处在滩涂浅水区,比较容易因破坏而消失,工程建设尽量保持其完整性,最大限度地保证产卵场的功能性。

石咀子村下游产卵场为策底河鱼类的主要产卵场,离石咀子截引点较近,施工影响较大,截引点施工需避开鱼类繁殖期,施工时采取间歇式作业,防止水体长时间浑浊,严格要求施工人员,防止污染事故的发生,施工过程中需保证河流水量,避免浅滩静水区消失。

卧羊川、蒿店两个鱼类产卵场在颉河干流上。卧羊川产卵场处在颉河上游,在截引点施工区域,施工将会破坏该产卵场,虽然此处产卵场的破坏无法避免但可以通过控制施工范围来减少产卵场的破坏面积。工程施工也要避开鱼类繁殖期,围堰施工时要采取间歇式作业,发现水体浑浊需停止施工,待水体清澈后再行施工,施工过程中严防废水、污水进入水体。颉河下游河道还有蒿店鱼类产卵场存在,蒿店鱼类产卵场离施工断面较远,水体浑浊影响不到,同时工程运营期蒿店水量基本充足,所以工程对此产卵场几乎无影响。

龙潭水库产卵场处于库尾和水库沿岸浅水区。工程施工时,龙潭水库水位下降,库区水量会减少,产卵场会随水量的减少而下移,施工主要在库区大坝附近,基本不涉及库区、库尾,施工对产卵场的功能不会有太大影响,但库尾在保护区核心区,一旦水体污染有可能威胁到核心区生态稳定,所以施工过程中除要控制施工范围和施工时间外,还要防止污染事故的发生。

太阳洼鱼类产卵场在颉河一级支流上,在截引点以下,紧邻施工区域。这一产卵场距施工点较近,施工活动将会破坏产卵场的完整性,施工影响较大,施工期要严格控制施工人员的活动范围,防止施工人员对产卵场造成不必要的破坏。截引点施工需避开鱼类繁殖期,施工时采取间歇式作业,防止水体长时间浑浊,严格要求施工人员,防止污染事故的发生,施工过程中需保证河流水量,避免浅滩静水区消失。

4)施工期对两栖爬行类动物的保护措施

施工区域部分河段两栖类幼体蝌蚪种群数量较大,施工过程中要做好驱赶、救护工作,防止施工对其造成伤害。

六盘齿突蟾是寒冷山溪中的动物,栖于水质清澈的流水中,但除繁殖季节外很少在水中见到,平时隐于岸边石块或灌丛下。与蛙类不同,产卵于石块下,蝌蚪在水中越冬。所以,冬季施工时如发现有蝌蚪存在需要做好保护工作,如发现有蝌蚪需转移到远离施工区水域。

6.3.2.2 运行期

1)生态放水设施

(1)截引点生态放水措施。

为了保证生态流量的下泄,工程在各截引点溢流坝底上设生态水量放水管作为生态流量放水措施。工程在4个截引点设置了生态水量放水管,管径80 mm。策底河石咀子截引点设生态通道兼具生态放水功能。各截引点下泄生态水量及放水管设置见表6-8。

表6-8 各截引点下泄生态水量及放水管设置

序号	截引点	生态水量(m³/s)	管径(mm)
1	红家峡	0.02	80
2	石咀子	0.06	—
3	白家沟	0.01	80
4	清水河	0.03	80
5	卧羊川	0.03	80

(2)水库生态放水措施。

龙潭水库采用溢流坝顶闸门进行生态水量下泄,工程共设置4孔闸门,经计算,2孔闸门底距溢流坝顶留5 cm空隙能够满足生态水量需求,不受人为控制。

暖水河水库采用坝后加压泵站进水阀前钢管放水:水流从坝前库内通过钢管输水穿大坝进入坝后加压泵站,加压泵站进水前进行分流:一部分水入加压泵站经加压后入主管道供水,一部分作为生态水量下泄下游河道。考虑生态水量偏小,不易控制,因此生态放水管设置流量调节阀,保证生态水量的正常下泄。

(3)生态放水监控方案。

截引断面及水库生态放水口和省界断面设置流量计量阀,建议由相关水利或环保管理部门加强监控,确保按照设计确定的多年平均径流量的10%进行生态水量下泄。

2)对浮游生物、底栖生物的保护措施

新建水库由于营养物质丰富,浮游生物、底栖生物生存环境优越,生物量将会明显增加,因此工程运行期要防止各类污染物进入水体。

3)鱼类保护措施

(1)生境保护及修复。

调查区域鱼类以冷水性小型鱼类为主,对鱼类的保护措施以生境保护及生境修复为主。鱼类正常生存对流速、水深有一定的要求。本次调查中采到鱼类最大体长为9.3 cm,按照鱼类对水深的要求为体长的2.5倍来计算,需要水深为0.23 m。鱼类分布河段实测流速为0.187~0.445 m/s,最小流速为0.187 m/s,因此建议采用以下4种保护及修复措施:①截引点下游可采取相应的工程措施,使各支沟河道变窄,河道变窄后,生态流量下泄距离增大,有利于鱼类生存。②在各支沟两岸建立石块堆砌的水潭,水潭修建在截引点下游1 km以内,数量为10个左右。在枯水期,新建的深潭可以成为鱼类暂时的避难所;在产卵期,水潭可以作为鱼类产卵场及鱼苗孵化场所。③在截引点上游加强对鱼类群落结构的监测。④龙潭水库上游河段属于六盘山国家级、省级保护区,该河段生态系统结构相对完整,对该河段的生境保护纳入六盘山保护区的范畴。

初步估算,生境保护及修复周期为6年,初步估算投资为40万元。

(2)建设生态通道。截引点所在支沟由于坝体的修建将导致鱼类洄游受阻,由于截引点周边鱼种类、种群数量较少,鱼类资源一旦受到破坏将很难恢复。目前的过鱼设施主要有生态通道、鱼闸、升鱼机和集运渔船,以及其他诱鱼、导流等辅助设施,可以帮助鱼类顺利通过坝体,因此选择合适地点建设生态通道,对减免截引点河沟鱼类影响十分必要。

(3)生态通道场址比选。

实地调查的结果表明,工程涉及的截引点共有7个,其中红家峡截引点属于泾河二级支沟,白家沟截引点属于暖水河支沟,暖水河水库截引点属于泾河支流,龙潭水库截引点为泾河干流,石咀子截引点为策底河干流,卧羊川截引点、清水沟截引点为颉河支流,以下对各截引点建设生态通道的可行性进行分析。

方案一:生态通道设置在红家峡截引点。红家峡属于泾河二级支沟,经过实地调查,红家峡截引点,6~7月河宽为1.40~1.46 m,水深为0.085~0.130 m,河流的自然条件不能满足生态通道建设所需的条件,因此该方案不可行。

方案二:生态通道设置在白家沟截引点。根据实地调查,白家沟河宽为2.4 m,水深为0.21 m,河道自然环境适合于建设生态通道,但是在白家沟截引点下游为新建的暖水河水库,如果在此处修建生态通道,鱼类通过生态通道到达水库,由于水库与天然河道的自然环境差异较大,水温比天然河道的水温高,不适应高原鱼类的生存,在此处设置生态通道对于保护洄游鱼类意义不大,因此该方案不可行。

方案三:生态通道设置在暖水河水库。暖水河是泾河的支流,暖水河水库为新建水库,项目已经立项,水库初始设计中没有涉及生态通道的建设,因此生态通道不适合建设在该处。

方案四:生态通道建设在卧羊川截引点。卧羊川截引点位于颉河干流,根据实地调查,该段河流河宽只有0.80 m,水深0.12 m,河流的自然条件不能满足生态通道建设的条件,因此该方案不可行。

方案五:生态通道设置在清水沟截引点。清水沟截引点位于颉河的一级支流,根据实地调查,颉河支流的清水沟截引点的河流河宽及水深都不适合生态通道的建设,因此该方案不可行。

方案六:生态通道设置在龙潭水库。龙潭水库是本工程的取水首要枢纽工程,可以在此处设置生态通道。但是龙潭水库由于地理及环境特点,不适合生态通道的设置,主要原因有:①龙潭水库现在是当地一个重要的旅游景点,其1 km范围以内属于瀑布区,有多级瀑布和峡谷激流区,在此处修建生态通道,会对当地的旅游业产生一定的影响。②在龙潭水库修建初期,没有涉及生态通道的建设,而且坝上宽度约为10 m,该大坝只有4个泄洪闸,每个宽2 m。已将原有坝址顶端全部占完,采用坝顶溢流设计,首先要满足防洪需求,没有空余坝址。不能满足修建生态通道的要求。③龙潭水库库区周围地质结构属于砂岩,该区域塌方严重,属于滑坡滚石多发区,不利于生态通道的修建。④该水库在20世纪就已经建成,库区上游已经形成了高原鳅、拉氏鲅完整的鱼类群落结构,如果修建生态通道,会对原有的鱼类群落结构产生一定的影响。⑤修建生态通道一般需要5~10个鱼类休息池,根据测量,从龙潭水库下游500 m处,第一潭到龙潭水库坝顶高程超过80 m,地形复杂,地质结构松散,设计、施工技术难度很大,因此该方案基本不可行。⑥河流的土著鱼类均不是国家和地方保护鱼类。

方案七:生态通道设置在石咀子截引点。根据实地调查,并结合工程建设,生态通道场址选择在石咀子。主要原因有:①石咀子截引点所在河流为策底河干流,水量较大,该流域水温较低,适合冷水鱼的生存。②结合本工程建设,石咀子共设置两级加压泵站,设计的流量为0.55 m³/s,引水水位为1 739.5 m,水位高差5.48 m,修建生态通道,坡度一般为8%~12%,以上参数适合于修建生态通道。

综上所述,生态通道的场址应选择在策底河石咀子。

工程布置:

生态通道进水口高程1 744.98 m。进口底板与河床平缓相接,使底层鱼类可以沿河床找到仿自然通道进口,进口处通道底部铺设一些原河床的砾石,以模拟自然河床的底质和色泽,制造诱使鱼类进入的流场。

生态通道出水口高程为1 739.5 m。

综合考虑坝址处的鱼类资源量和工程坝址地形、工程布置等因素,为满足过鱼需要,本通道宽度取0.15~0.20 m,生态通道坡度为8%~12%。仿自然通道全长45.67~68.5 m。

为适应上、下游水位的较大变幅,通道的出口设置控制闸门,以调节和控制通道内的水流流量和流速,保证下游进口的水深不会过高或过低,确保通道水流能满足鱼类的上溯要求,闸室上部为启闭机室,用以控制闸门启闭。设计的闸门高度需比溢流坝高出0.8~1 m,主要是为了保证生态通道内有充足的水流可以满足鱼类的需求。在汛期,为了防止黄河泥沙进入生态通道,需要关闭闸门。为了保证生态通道满足鱼类上溯要求,需要定时检修闸门及生态通道。

休息池设计为无底坡,形状为圆形,半径为0.5 m,可以根据地形进行开挖。本通道休息池间隔 1 m 设置 1 个,共设置 22～33 个休息池。生态通道两岸边坡可以种植树木以使两岸结构稳定。

石咀子截引点生态通道示意图见图6-2,生态通道主要参数见表6-9。

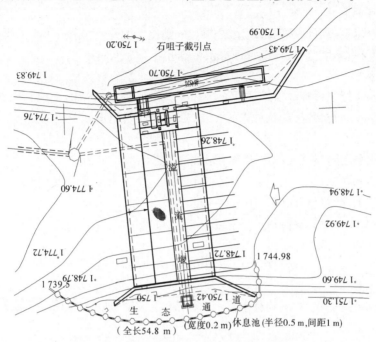

图6-2 石咀子截引点生态通道示意图

表6-9 生态通道主要参数一览

项目		单位	指标	说明
运行特征	进口高程	m	1 744.98	
	出口高程	m	1 739.5	
	设计流速	m/s	0.23	
结构尺寸	休息池数目	个	22～33	
	休息池半径	m	0.5	圆形
	休息池间隔距离	m	1	
	通道总长度	m	45.67～68.5	
	生态通道坡度		8%～12%	
	生态通道高度	m	2.3	
	生态通道宽度	m	0.15～0.2	

注:以上参数均为理论算值,设计时应经过物理模型试验结果进行验证、优化后方可使用。

投资估算:

初步估算生态通道投资 100 万元。

6.3.3 生态监测措施

6.3.3.1 六盘山自然保护区监测

1）监测目的

对本工程建设前后保护区占地范围内生态变化情况进行监测,掌握工程建设对保护区的影响程度,为环境监督、环境管理提供依据。

2）监测内容

监测内容包括工程穿越保护区缓冲区和实验区段施工区域的土地利用状况,植物群落的种类、数量、分布状况,动物种群的种类、数量、分布,植被和土壤的破坏情况。

3）监测方法

监测方法采用遥感与实地调查等相结合的方法。

4）监测频次

施工期及工程运行初期的2年内每年进行1次监测。

6.3.3.2 弃土区土地复垦监测

1）监测目的

监测目的为及时了解研究区域内植被恢复、土地复垦等情况。

2）监测项目

监测项目包括植物种类、物种丰富度、植物群落盖度、地上生物量、植物高度等。

3）监测方法

在样带内选择不同植物群落布设 1 m×1 m 的样方进行调查。

4）监测时段

每年7月监测1次,共监测2年。

6.3.3.3 库区周边土壤环境的监测

1）监测目的

监测目的为及时了解水库周边农田是否发生沼泽化现象。

2）监测项目

监测项目包括土壤含水量、植物群落盖度、地上生物量、丰富度等。

3）监测方法

在库周低洼地的农田采集土壤样品,测试含水量,并选择不同植物群落布设 1 m×1 m 的样方进行调查。

4）监测时段

每年7月监测1次,从水库蓄满后,监测2年。

6.3.3.4 水库周边啮齿类监测

1）监测项目

调查下闸蓄水时间里鼠类的分布状况,尤其是导致流行性出血热的媒介——黑线姬鼠的分布和密度,此调查应同流行性出血热发病率一并调查。

2）监测时段

下闸蓄水期6~8月监测1次。

6.3.3.5 水土流失监测

1）监测目的及任务

监测目的为适时掌握工程建设期水土流失状况。结合工程建设和水土流失的特点，对本工程主要水土流失部位的水土流失量及水土流失的主要因子进行监测，分析各因子对水土流失的作用机制，分析工程建设区水土流失的动态变化，监测水土保持措施实施效果；监测水土流失生成的危害，编制监测报告。

2）监测内容、方法和频次

（1）监测内容。

监测建设项目区占用地面积、扰动地表面积、扰动类型，确定土壤流失情况；开挖面土壤流失量监测，临时弃土防护措施数量及效果监测；植物措施数量、成活率、保存率和生长状况，工程措施的数量及其防护效果实施监测；影响水土流失的主要因子监测；水土流失危害监测。

（2）监测方法。

根据不同的因子，选择不同的方法进行监测，做到地面监测与调查监测相结合。本方案主要采用定位观察法、实地测量法及巡查法。

（3）监测频次。

监测时段分为工程建设期和工程运行期两个时段。工程建设期对易发生水土流失的场所，在施工及水土保持实施过程中的5月（雨季前）、7月（汛期）、10月（雨季后）进行监测，一年3次。工程运行期第一年，即各工程完工后第一年的5月（雨季前）、10月（雨季后）各监测1次。

3）监测站布设

根据工程水土流失的特点和水土保持措施布局特征，布置10个测站点，布设于管线铺设区及弃土区。

4）监测实施保证措施

水土流失监测站技术人员应专业配套齐全，并经专门培训上岗。应建立严格的监测制度，对每次监测结果进行记录、分析、统计，及时报送建设管理单位，并做好档案管理工作。根据《中华人民共和国水土保持法》的要求，水土流失监测费由建设单位承担，专款专用，保证监测工作的正常运行。

6.3.3.6 水生生物监测

1）监测点及监测频率

根据实地调查情况，共设置6个监测点：策底河设置石咀子监测点；颉河设置3个监测点，分别为蒿店、卧羊川、太阳洼；泾河设置2个监测点，分别为龙潭水库及崆峒水库。每年春季3~4月，秋季9~10月对各个监测点分别进行两次监测，监测的范围为各个监测点的上、下游河段。

2）水生生物监测

水生生物监测包括各支沟下游、水库的浮游生物、底栖动物、水生维管束植物的种类、分布密度、生物量等的监测。

3）鱼类集群和种群动态

鱼类集群和种群动态包括鱼类的种类组成、种群结构、资源量的变化等。

4）鱼类产卵场监测

鱼类产卵场监测内容包括产卵场的分布与规模、鱼类的繁殖时间和频次、产卵场水文要素（温度、流速、水位）等。对鱼类产卵场进行监测，如果发现现有鱼类产卵场萎缩严重，需要人工改造河道，创造适宜鱼类产卵的环境，保证鱼类的正常生长繁殖，以保证鱼类的资源量的稳定。

7 施工期环境影响及对策措施研究

7.1 施工期环境影响研究

施工期对环境产生的影响主要是由废水、废气、固体废弃物和噪声排放引起的。其中,废水主要有基坑废水、混凝土拌和及养护废水、含油废水、隧洞涌水、生活废水等。其中,每个施工区混凝土拌和废水产生 0.81 m^3/d,隧洞涌水量为 3.73 ~ 163 m^3/d,约产生生活污水 87.04 m^3/d,平均每个施工点每天产生 2.64 m^3。施工废水主要污染物为 SS、石油类、COD、BOD_5 等,考虑泾河干流及支流等施工区域均为Ⅰ类 ~ Ⅱ类水域,按照《水功能区管理条例》要求,Ⅰ类 ~ Ⅱ类水域禁止排污。隧洞涌水均为裂隙水,水质较好,研究建议一部分用于混凝土养护,多余部分用于周围植被浇灌;其他施工生产废水经处理达标后全部回用,生活污水定期收集后用于农业生产及浇灌植物。采取妥善处置后不会对泾河流域水质产生影响。

工程施工作业中,基础开挖、爆破、施工道路修建、运输车辆等都会引起粉尘、扬尘、有害气体污染,短期内对局部区域环境空气产生一定影响。隧洞开挖施工区 200 m 范围内有窑家村 2 户、上胭村 4 户、白家沟村和北川村会受到环境空气的不利影响,建议安装声屏障措施,阻挡扬尘扩散;工程施工道路运输车辆产生的扬尘通过类比调查研究,在正常风速条件下,至 150 m 处一般能够符合环境空气质量标准二级标准,根据现场调查施工道路两侧 500 m 范围内没有居民居住;预制场施工区周围 60 ~ 100 m 分布有 3 个村庄,需采取必要的防尘措施;截引点 50 ~ 150 m 分布有个别居民,施工期要采取洒水和防雨等措施,减小对区域空气质量的影响。但考虑施工区域地势开阔,大气污染物扩散较快,仅在局部区域对施工人员造成较大影响,应对施工人员采取必要的防护措施。

截引点、隧洞及预制场周围 200 m 范围内均分布有村庄,经预测,周围敏感点的噪声预测值均超标,不能满足《声环境质量标准》(GB 3096—2008)Ⅰ类标准。施工道路建议多安装声屏障,禁止夜间施工,以保障周围居民正常生产和生活。施工道路附近分布有 2 个村庄,但村庄周围临近 101 省道和福银高速公路,距离均在 50 m 范围内,村庄噪声影响主要来自于公路,本工程噪声影响较小。另外,隧洞进出口爆破噪声传送距离远,产生瞬时噪声主要对施工人员产生短暂噪声影响。

工程施工总工期 48 个月,工程施工期共产生弃渣 81.00 万 m^3,38 个施工区平均每日生活垃圾产生量为 1.36 t,高峰期日生活垃圾产生量约 2.04 t。弃渣占地将导致植被破坏,任意堆放会破坏区域自然景观。生活垃圾中的有机质等多种复杂成分如不及时清理,就会变质腐烂,产生恶臭,对区域社会环境产生一定影响。

7.2 施工期污染防治对策措施

施工期生产废水全部回用,不外排。含油废水修建隔油池处理含油废水,将含油废水处理后用于混凝土拌和,收集的废油用作预制板涂油。其他生产废水主要采用絮凝沉淀处理后回用到混凝土拌和及养护中,污泥自然干化后利用机动三轮车外运至就近弃渣场。生活污水定期收集后用于农业生产及浇灌植物。隧洞涌水水质较好,大部分回用到混凝土拌和及养护中,多余部分可以用于周围植物的浇灌;实现生活污水零排放。

施工过程中加强对施工区域洒水,对施工 200 m 范围内的村庄设置声屏障后,能够减少扬尘、粉尘等扩散范围,在一定程度上减小爆破对村庄的空气影响。隧洞施工人员采取佩戴口罩、风镜等措施加强自身防护,保障隧洞内通风良好。施工单位必须采取符合国家卫生标准的施工机械和运输工具,对施工道路进行定期养护、维护、清扫,保持道路运行正常;在进出口处铺设竹芭、草包等,以减少由于汽车经过和风吹引起的道路扬尘;运输土方和建筑材料采用封闭运输,车辆不应装载过满,以免在运输途中震动洒落。

对截引点周围的红旗村、白家沟村、石咀子村,隧洞周围的窑家村、上朋村、白家沟村,预制场周围的下青石嘴村、三十里铺村、马西坡村安装声屏障,以保障居民的正常生产和生活。合理安排施工作业时间,严禁夜间施工作业。建议控制和降低施工噪声,要求采用符合国家有关规定标准的施工机械和运输车辆;加强交通管理,车辆减速,严禁鸣笛等。夜间运输车辆需减速行使,并设立标示牌,禁止鸣号,车辆时速限制在 20 km 以内。

工程施工弃渣不得随意堆弃,均运至渣场堆放。工程共设置 38 处弃渣场,弃渣场均有专门设计,减少水土流失量,施工结束后覆土恢复原有地貌。生活垃圾在施工区设置垃圾收集站和生活垃圾桶,禁止随意向沟道内倾倒,对生活垃圾进行定点、集中收集,定期运至附近垃圾处理厂处理。通过严格的施工管理和采取必要的措施后,能够最大程度地减小施工弃渣和生活垃圾对周围环境的影响。

8 研究结论与建议

8.1 结 论

8.1.1 引水方案环境研究

本工程引水区地处泾河源头区,且涉及六盘山自然保护区、泾河源省级风景名胜区、六盘山国家森林公园,生态环境敏感,关键问题是平衡工程设计方案与保护生态环境的最优化。针对引水水源、引水方式、引水高程、集中和分散取水等引水方案,从环境、经济、技术多方面综合确定 1 911 m 高程自流分散引水方案,结合研究确定的生态水量对推荐引水方案进行满足程度分析,根据满足程度分析结果进一步优化引水过程,并从生态环境角度出发对工程截引点布局进行优化。

经过项目组优化研究,工程最初布置在六盘山自然保护区内的 10 处渣场、施工营地均调整到了自然保护区外,生态水量由最初的按照逐月来水量的 10% 优化为多年平均径流量的 10% 进行下泄,工程截引点由最初的 11 个截引点优化到 5 个截引点,优化后龙潭水库、红家峡、石咀子截引点汛期引水量与原方案相比增加了 50% ,非汛期引水量减小了 30% ,在一定程度上缩减了水生生境的影响面和影响程度,减小了枯水期引水量,进一步优化了引水过程,优化后基本符合"丰增枯减"原则,从工程角度进一步减小了工程建设对生态环境的影响。

8.1.2 对生态环境的影响

区域土地利用类型主要为林地、草地、农田、水体、居民及建设用地,其中农田分布较广,其次为林地。研究区域位于宁夏中南部,引水区六盘山处于华北台地与祁连山地地槽之间的一个过渡带,是一座南北走向的狭长石质山地,山体主要由两列平行的山脉构成。地势大致呈东南高、西北低的趋势。山间溪流众多,为宁夏水资源最丰富的地区。在自然地理位置上处于暖温带半湿润区向半干旱区过渡的边缘地带,在山地环境和森林植被的作用下,土壤类型带有明显的山地特征,呈较规律的垂直分布。地形强烈影响大气降水的再分配和成土物质搬运过程,随地形的变化,气候和植被都相应发生变化。植被垂直带分布比较明显,海拔 1 700 ~ 2 300 m、2 300 ~ 2 600 m、2 700 m 以上分别分布有森林草原带、山地森林带以及山顶落叶阔叶矮林带。植被分为温带针叶林、夏绿阔叶林、常绿竹类灌丛、落叶阔叶灌丛、草原、荒漠、草甸 7 个植被类型。研究区有 1 种国家 II 级重点保护植物——水曲柳(*Fraxinus mandshurica Rupr.*),《中国植物红皮书》渐危种——桃儿七(*Sinopodophyllum extnedium*(*Wall.*)*Ying*),3 个六盘山特有植物——六盘山棘豆(*Oxytropis ningxiaensis C. W. Chang*)、四花早熟禾(*Poa tetrantha Keng*)、紫穗鹅冠草(*Roegneria pur purascens Keng*）。在工程淹没、占地区，现场调查没有发现珍稀濒危野生植物物种。水库淹没、工程施工将造成植被损失。植被损失主要为草地、农田和林地，草地为贝加尔针茅、短柄草群丛、铁杆蒿、茭蒿、苔草等，农作物主要为土豆、小麦等，另外有樟子松、油松、云杉等树种分布，这些植被类型在周边地区均有分布，工程对陆生植物的影响仅是数量上的损失，不会造成植物种类的消失。工程扰动原地貌、损坏土地和植被面积 436.95 hm²，损坏水土保持设施面积 187.26 hm²；新增水土流失量为 3.03 万 t。对施工迹地结合水土保持措施，表土回填后，采用云杉、榛子等当地物种，以乔灌混交林方式进行植被恢复，加快自然恢复过程以及保持植物群落的稳定性，需要 2 年时间植被盖度可达到原生状态。工程运行后，工程区内的河道被河流下切较深，而六盘山林木基本分布在地势较高的山坡，植被需水主要依靠地下水，因此六盘山保护区河流水量的减少基本不影响植被需水过程，不会对保护区的生态系统产生影响。

六盘山地区的动物群属温带森林草原农田动物群，其特点是适应次生落叶阔叶林环境的种类占优势。研究区域六盘山自然保护区分布有金钱豹、林麝、豺、鸢、金雕、红隼、勺鸡等国家保护野生动物。工程占地区域野生动物主要有猪獾、黄鼬、大仓鼠等小型啮齿类，凤头百灵、喜鹊、金翅雀、家燕等留鸟和夏候鸟。工程占地区域没有国家重点保护的兽类栖息，但可能有受保护的鸟类来此觅食。施工过程中的爆破、机械开挖、堆渣和车辆碾压使施工区域地貌和植被条件改变，使本区域部分两栖和爬行动物丧失其生存、繁衍的环境迁往他处，但不会危及这些动物的生存。运行期对动物的影响多是正面的，例如水库的修建，使得喜欢湿地生存的鸟类栖息地增加，方便了一些野生动物的饮水等。因此，工程建设对六盘山自然保护区的生态功能不会产生影响。

区域鱼类均属于全北区或古北区，虹鳟为外来种，浮游植物、浮游动物等种类和数量偏少。无国家或省级重点保护和珍稀濒危鱼类，分布有土著鱼类拉氏鱥、背斑高原鳅和后鳍高原鳅，应加强保护。施工区域附近河段的鱼类受噪声而逃离，工程竣工后绝大部分影响会消除。工程施工期间应加强环境保护宣传，禁止捕杀野生动物。工程运行后，对引水区泾河流域的主要环境影响为暖水河水库大坝及截引点低坝修筑对鱼类等水生生物的阻隔作用，下泄水量的减少对水库及截引点下游河道生态环境用水、河谷植被的影响，以及对下游用水户的影响。引水区暖水河水库坝上、坝下浮游生物、底栖动物、水生维管束植物数量发生变化，泾河流域截引低坝上、下游鱼类栖息生境、繁殖条件和饵料条件发生变化，区域生态环境类似，土著鱼类拉氏鱥、背斑高原鳅和后鳍高原鳅仍存在产卵场条件，不会造成其物种的灭绝。枢纽阻隔将导致原连续河段鱼类种群分为坝上、坝下两个群体，在坝上缓水区域，定居性鱼类的数量会有所增加。在坝下河段，受水量减少、大坝阻隔的影响，鱼类资源量呈下降趋势。

现状调查到卧羊川及下游蒿店、太阳洼、石咀子、龙潭水库及下游崆峒水库处有鱼类产卵场，施工期会破坏截引点附近产卵场，龙潭水库只在大坝附近施工，不会引起库区产卵场的消失。由于施工仅导致局部水域水质变差，因此对下游太阳洼、崆峒水库产卵场影响不大。运行期暖水河水库库区和截引低坝上游形成小型水库，有利于鱼类繁殖；坝下由于水量减少会造成截引点下游太阳洼处产卵场面积缩小，由于崆峒水库的调蓄作用，对库区产卵场影响不大。工程在石咀子截引点处设计仿自然生态过鱼道，以保护土著鱼类通道。

8.1.3 对水环境的影响

工程运行后,引水期截引断面和水库坝址断面各月下泄水量较工程建设前有所减少,但各月下泄水量均能满足多年平均径流量10%的生态水量需求,且截引断面和坝址断面下游不远处均有支流汇入,工程引水引起的减水河段有限,不会对下游生态环境基本用水造成影响,因此对河谷灌丛植被影响不大,不会出现灌木植被消失及无法正常更新等情况,但河谷灌丛植被生物量有所变化。

宁夏固原水源工程运行后,工程供水替换受水区原有地下水源地,使受水区地下水量得到补给,缓解区域地下水超采的局面,总体来看,工程对受水区域生态环境有利。工程引水给受水区作为生活用水使用,间接增加了受水区的污水排放量。目前,受水区葫芦河、茹河、清水河现状水质存在超标现象,主要超标原因为固原市、彭阳县和西吉县排污。本研究假定规划年废污水0和60%回用率两种情况进行分析,在60%回用率情况下,受水区预测断面水质均能达标,不会对水环境产生影响;在回用率0的情况下,受水区预测断面水质均超出水功能区水质目标要求,主要原因是现状水质背景浓度较高。根据《宁夏回族自治区"十二五"城镇污水处理及再生利用设施建设规划》,"十二五"期间,宁夏所有污水处理厂都要建设配套中水厂,中水厂设计规模与现状运行的污水处理厂设计规模相同,即现行污水处理厂处理后的污水将全部得到回用。在此状况下,规划水平年工程实施将不会对下游水环境造成负面影响。经预测,研究认为规划年2025年西吉县需扩建1.1万t/d,彭阳县需扩建0.5万t/d方能满足规划年废污水处理要求。根据《固原市城市总体规划(2011—2030)》要求,2030年前,西吉县现状城市污水处理厂由1万t/d扩建至3万t/d,彭阳县现状城市污水处理厂由1万t/d将扩建至1.5万t/d。本研究建议与该规划要求相一致。

8.1.4 施工期环境影响

工程所处区域生态环境良好,工程引水区水体清澈,现状水质均为Ⅰ类~Ⅱ类,按照《水功能区管理条例》要求,工程施工生产、生活废污水应严禁入河。本研究建议施工生产废水采取处理措施后全部回用到混凝土养护或者周围植物浇灌,生活污水定期收集后用于农业生产及浇灌植物,实现废水零排放,施工期废污水不会对泾河流域水质产生影响。施工期间产生的粉尘、废气和噪声对区域环境空气质量、声环境质量影响有限,采取措施后对周围环境敏感点较小,且将随施工的结束而消失,总体来说,对环境影响不大。

8.2 建 议

鉴于本工程建设区域位于泾河源头区,生态环境脆弱,为保护泾河源头区生态环境,提出如下建议:

(1)工程实际运行过程中,根据来水情况,在枯水月份按照黄河水量调度"丰增枯减"原则,同比例减少引水量。严格按照多年平均情况下径流量的10%下泄生态水量,在下步初设阶段进一步优化工程引水过程、截引工程布局和工程调度方案。

（2）引水量监控措施。工程建设后，建议截引断面、出境断面设置计量措施，截引断面严格按照当年用水计划及截引断面逐月设计引水流量引水，省界断面加强监测，严格按照省界断面逐月下泄水量进行控制。考虑宁夏、甘肃两省（区）利益，请相关水利或环保主管部门加强实时监督管理，一旦发现引水量超过设计引水过程引水，立即上报上级主管部门进行处理。

（3）考虑工程引水河流下游均进入甘肃省境内，泾河、策底河、暖水河和颉河下游甘肃省均分布有用水户。工程运行后，对甘肃省用水户用水产生一定影响，建议有关部门加强研究，减免工程引水对甘肃省的影响。

（4）鉴于区域位于泾河源头区，且涉及六盘山自然保护区，生态环境脆弱，工程建设引起的生态环境影响时限性强，因此建议今后相关部门定期开展陆生和水生生态监测工作，掌握鱼类及其他水生生物变化情况；并对工程采取的生态保护措施开展生态效果评价工作，及时反馈评价结果，不断完善生态监测方案和生态保护措施，维持生态系统的稳定性和完整性。

（5）工程实施后，对水库、截引支沟进行水源保护区划分，并采取必要的隔离防护措施，保障引水水源水质安全。受水区根据《宁夏回族自治区"十二五"城镇污水处理及再生利用设施建设规划》、《固原市城市总体规划（2011—2030）》、《固原市水污染防治规划》加大城市中水回用力度和污水处理力度，减少污染物入河量。枯水期适当启用受水区本工程替换水源，减少本工程对补充水源的供水量。

（6）水库建成后参照国家环境保护总局发布的《饮用水水源保护区划分技术规范》（HJ/T 338—2007）要求，将龙潭水库、各截引点和调蓄水库划为水源地保护区，并实施隔离防护、污染源治理、生态修复等措施，配合监督管理、自动监测等措施对库区水质加强监管。同时，考虑泵站维修期间存在水质污染风险，加强检修期管理和防范措施，减少供水水质污染风险。

参 考 文 献

[1] 马秉春.宁夏固原市水资源开发利用现状分析研究[J].水利技术监督,2011(6):34-37.

[2] 梁军,余治家.生态环境与泾河源流域输沙量的灰色关联分析[J].宁夏农学院学报,1992,13(2):82-84.

[3] 谢芳,邱国玉,尹婧.泾河流域40年的土地利用/覆盖变化分区对比研究[J].自然资源学报,2009,24(8):1354-1364.

[4] 李海林.泾河流域水环境评价及污染防治对策[J].发展,2001(9):54-58.

[5] 曹建忠.六盘山引水工程中生态基流的研究[J].水利规划与设计,2011(5):41-43.

[6] 张军燕,张建军,沈红保,等.泾河宁夏段夏季浮游生物群落结构特征[J].水生态学杂志,2011(11):72-77.

[7] 王兆策.六盘山引水工程是固原山区脱贫致富的希望所在[J].宁夏农学院学报,1991(3):47-49.

[8] 赵永华,贾夏,王晓峰.泾河流域土地利用及其生态系统服务变化[J].陕西师范大学学报,2011(7):79-85.

[9] 岳东霞,杜军,刘俊艳,等.基于RS和转移矩阵的泾河流域生态承载力时空动态评价[J].生态学报,2011,31(9):2550-2558.

[10] 毕晓丽,葛剑平.基于地形和土壤的泾河流域植被生态系统保水效益分析[J].生态学杂志,2009,28(1):95-101.

[11] 秦向东,闵庆文,李文华,等.六盘山南麓具有三个冲突效益的Pareto最优土地利用格局[J].资源科学,2010,32(1):184-194.

[12] 朱宏,郭守坤.浅谈引水工程对下游水生态环境影响因素[J].吉林水利,2007(4):13-14.

[13] 王军.夏县温峪引水工程生态环境影响评价[J].山西科技,2009(2):103-104.

[14] 张希彪,姜双林,上官周平.泾河流域生态建设与可持续农业发展对策[J].干旱地区农业研究,2006,24(3):138-142.

[15] 梁勇,闵庆文,成升魁.泾河源头地区生态环境与经济协调发展研究[J].干旱地区农业研究,2005,23(2):148-153.

[16] 张淑兰,王彦辉,于澎涛,等.泾河流域近50年来的径流时空变化与驱动力分析[J].地理科学,2011,31(6):721-727.

[17] 雷红刚.泾河干流水资源变化趋势分析[J].甘肃水利水电技术,2008,44(5):319-320.

[18] 王香亭.六盘山自然保护区科学考察[M].银川:宁夏人民出版社,1988.

[19] 全国渔业自然资源调查和渔业区划淡水专业组.内陆水域渔业自然资源调查试行规范[S],1980.

[20] 张觉民,何志辉.内陆水域渔业自然资源调查手册[M].北京:农业出版社,1991.

[21] 中国科学院动物所.黄河渔业资源生物学基础初步调查报告[M].北京:科学出版社,1959.

[22] 中华人民共和国水利部.SL 395—2007 地表水资源质量评价技术规程[S].北京:中国水利水电出版社,2007.

[23] 董哲仁,孙东亚,等.生态水利工程原理与技术[M].北京:中国水利水电出版社,2007.

[24] 郝伏勤,黄锦辉,李群.黄河干流生态环境需水研究[M].郑州:黄河水利出版社,2005.

[25] 朱党生,周奕梅,邹家祥.水利水电工程环境影响评价[M].北京:中国环境科学出版社,2006.

[26] 曹喆,秦宝平,王斌. 遥感技术在北大港实地生态监测中的应用[J],三峡环境与生态,2008,1(1)：31-34.

[27] 肖锦.城市污水处理及回用技术[M].北京:化学工业出版社,2002.

[28] 张建军,徐志修,张建中,等.黄河水环境承载能力研究及应用[M].郑州:黄河水利出版社,2008.

[29] 闫莉,肖翔群,赵银亮,等.引大济湟调水工程生态环境影响研究[M].郑州:黄河水利出版社,2010.

[30] 尚玉昌,蔡晓明.普通生态学[M].北京:北京大学出版社,1992.

[31] 邹家祥.环境影响评价技术手册——水利水电工程[M].北京:中国环境科学出版社,2009.

[32] 赵敏,常玉苗.跨流域调水对生态环境的影响及其评价研究综述[J].水利经济,2009,27(1):1-4.

附录1 区域主要野生植物资源名录

序号	中文名	拉丁名
（一）	苔藓植物	*Brvophyt*
1	石地钱科	*Rebouliaceae*
	紫背苔	*Plagiocha sp.*
2	牛毛藓科	*Ditrichaceae*
	细牛毛藓	*Ditrichum flexicaule（Schleich）Hampe*
3	曲尾藓科	*Dicranaceae*
	疏叶石毛藓	*Oreoweisis laxifolia（Hook. f.）Kindb*
4	大帽藓科	*Encalyptaceae*
	裂瓣大帽藓	*Encalypta ciliata Hedw*
5	丛藓科	*Pottiaceae*
	短叶纽口藓	*Barbula tectorum C. Muell*
6	紫萼藓科	*Grimmiaceae*
	亮叶紫萼藓	*Grimmia hartmnii Schimp*
7	葫芦藓科	*Funariaceae*
	葫芦藓	*Funaria hygrometrica Hedw*
8	真藓科	*Bryaceae*
	丛生真藓	*Bryum caes piticium Hedw*
9	提灯藓科	*Mniaceae*
	平肋提灯藓	*Mnium laevinerve Card*
10	珠藓科	*Bartramiaceae*
	直叶珠藓	*Bartramia ithy phlla Brid*
11	白齿藓科	*Leucodontaceae*
	白齿藓	*Leucodon sciuroides（Hedw）Schwaegr*
12	平藓科	*Neckeraceae*
	波叶平藓	*Neckera crispa（L.）Hedw*
13	万年藓科	*Climaciaceae*
	万年藓	*Climacium pendroides（Hedw）Web et Mohr*
14	羽藓科	*Thuidiaceae*
	疣茎麻羽藓	*Claopodium pellucinerve（Mitt）Best*
15	柳叶藓科	*Amblystegiaceae*
	细湿藓	*Campylium hispidulum（Brid）Mitt*

序号	中文名	拉丁名
16	青藓科	*Brachytheciaceae*
	齿边青藓	*Brachythecium buchanani（Hook）Jaeg*
	鼠尾藓	*Myuroclada maximowiczii（Borszcz）Steereet Schof*
17	绢藓科	*Entodontaceae*
	鳞叶绢藓	*Entodon amblyphyllus C. Muell*
	直蒴绢藓	*E. concinnus（De not.）par.*
18	棉藓科	*Plagiotheciaceae*
	棉藓	*Plagiothecium sp.*
19	垂枝藓科	*Rhytidiaceae*
	垂枝藓	*Rhytidium rugosum（Ehrh）Kindb*
20	塔藓科	*Hylocomiaceae*
	船叶塔藓	*Hylocomium covifolium Lae*
（二）	蕨类植物	*Pteridophyta*
1	木贼科	*Equisetaceae*
	问荆	*Epuisetunm arvense L.*
2	蕨科	*Pteridiaceae*
	蕨	*Pteridium aqilinm（L）Kuha var Latiusculum（Desv.）Underw ex Heller*
3	铁线蕨科	*Adiantaceae*
	肾盖铁线蕨	*Adiantum erythrochlamys Diels*
4	裸子蕨科	*Hemionitidaceae*
	普通凤丫蕨	*Coniogramme intermedia Hierou*
5	蹄盖蕨科	*Athyriaceae*
	黑鳞短肠蕨	*Allantodia crenata（Sommerf.）Ching*
	陕西峨眉蕨	*L. giraldi（Christ）Ching*
6	铁角蕨科	*Spermatophytes*
	北京铁角蕨	*Asplenium pekinense Hance*
7	鳞毛蕨科	*Diyopteridaceae*
	华北鳞毛蕨	*D. laeta（Kom.）c. C. Hr.*
（三）	种子植物	*Spermatophytes*
A.	裸子植物	*Gymnospermae*
1	松科	*Pinaceae*
	华山松	*Pinus armandii Franch*
	油松	*P. tabulaeformis Carr*
2	柏科	*Cupressaceae*

序号	中文名	拉丁名
	刺柏	*Juni pervs formosana Hayata*
B.	被子植物	*Angiospermae*
	双子叶植物	*Dicotyledoneae*
3	金粟兰科	*Chloranthaceae*
	银线草	*Chloranthus japonicus Sieb*
4	杨柳科	*Salicaceae*
	银白杨	*Populus alba L.*
	中华柳	*S. cathayana Diels*
5	胡桃科	*Juglandaceae*
	胡桃	*Juglans regia L.*
	野胡桃	*J. cathayensis Dode*
6	桦木科	*Betulaceae*
	红桦	*Betula albo sinensis Burkill*
	白桦	*B. platyphlla Suk.*
	糙皮桦	*B. utilis D. Don*
7	壳斗科	*Fagaceae*
	辽东栎	*Queicus liaotungensis Koidz*
8	榆科	*Ulmaceae*
	小叶补	*Celtis bungeana Bl.*
	春榆	*Ulmus davidiana var. japonica (Rehd) Nakai*
9	桑科	*Moraceae*
	大麻	*Cannadis sativa L.*
	华忽布花	*Humulus lupulus var. cordifolius (Miq) Maxim*
10	檀香科	*Santalaceae*
	长叶百蕊草	*Thesium longifolium Turcz*
11	荨麻科	*Urticaceae*
	艾麻	*Laportes macrostachya (Maxim) Ohwi*
	透茎冷水花	*Pilea monggolica Wedd*
12	桑寄生科	*Loranthaceae*
	槲寄生	*Viscum coloratus (Komai) Nakai*
13	马兜铃科	*Aristolochiaceae*
	单叶细辛	*Asarum himalaicum Hook , f. et Thoms*
14	蓼科	*Polygonaceae*
	苦荞麦	*F. tatarcum (L.) Gaerth ex D. Don*

序号	中文名	拉丁名
	绵毛酸模叶蓼	*P. lapathifolium var. svalicifolium Sibth*
	东北酸模	*R. thyrsiflorus Fingrh. var. mandshurica Bar. et Skv.*
15	藜科	*Chenopodiaceae*
	菊叶香藜	*Ch. foetidum Schrad*
	杂配藜	*Ch. hybridum L.*
16	苋菜科	*Amaranthaceae*
	反枝苋	*Amaranthus retroflexus L.*
17	石竹科	*Caryophyllaceae*
	蚤缀	*Arenanthus retroflexus L.*
	簇生卷耳	*Cerastium caespitosum Gilid*
18	毛茛科	*Rannuculaceae*
	伏毛铁棒锤	*Aconitum flavum Hand Mazz*
19	小檗科	*Borberidaceae*
	小檗	*Berberis amurensis Rupr*
	毛叶小檗	*B. brachypoda Maxim*
	桃儿七	*Sinopodophyllum extnedium（Wall.）Ying*
20	防己科	*Menspermaceae*
	蝙蝠葛	*Meniapermum dauricus DC.*
21	木兰科	*Magno liaceae*
	五味子	*Schisandra chinensis（Turez）Baill*
22	樟科	*Lauraceae*
	大叶钩樟	*Lindera umbellata Thunb.*
23	罂粟科	*Papaveraceae*
	曲花紫堇	*Cordalis curvflora Maxim.*
24	十字花科	*Cruciferae*
	毛南芥	*Arabis hissuta（L.）Scop*
	垂果南芥	*A. pendvlaL.*
25	景天科	*Crassulaceae*
	凤尾七	*Rhodiola dumulosa（Franch）S. H. Fu.*
	狭穗景天	*S. angustum Maxim*
	轮叶景天	*S. vcrticillatum L.*
26	虎耳草科	*Saxifragceae*
	落新妇	*Astilbe chinensis（Maxim）Franch. et Sav*
27	蔷薇科	*Rosaceae*

序号	中文名	拉丁名
	龙芽草	*Agrimonia pilisa Ledeb.*
28	豆科	*Leguminosae*
	直立黄芪	*Astragalus adsurgens Pall.*
	苜蓿	*M. sativaL.*
	米口袋装棘豆	*O. gueldenstaedtioides Uldr.*
	六盘山棘豆	*Oxytropis ningxiaensis C. W. Chang*
	黄毛棘豆	*O. ochrantha Thrcz*
29	酢浆草科	*Oxalidaceae*
	山酢浆草	*Oxalis griffithii Edgew et Hook. f.*
30	亚麻科	*Linaceae*
	黑水亚麻	*Linum amurense Alef.*
	亚麻	*L. usitatissimum L.*
31	牻牛儿苗科	*Geraniaceae*
	牻牛儿苗	*Erodium stephanianum Willd*
	粗根老鹳草	*Geranium dahuricum DC.*
32	芸香科	*Butaceae*
	白藓	*Dictamnus dasycapus Turcz*
33	远志科	*Polygalaceae*
	西伯利亚远志	*Polygala sibirica L.*
34	大戟科	*Euphorbiaceae*
	乳浆大戟	*Euphorbia esula L.*
35	漆树科	*Anaceridiaceae*
	盐肤木	*Rhus chinensis Mill.*
36	卫矛科	*Celastraceae*
	南蛇藤	*Celastrus orbiculatus Thunb.*
	卫矛	*Euonymus alatus(Thunb)Sied.*
37	省沽油科	*Staphyleaceae*
	膀胱果	*Staphylea holocarpa Hemsl*
38	槭树科	*Aceraceae*
	青榨槭	*Acer davidii Franch*
39	无患子科	*Sapindaceae*
	文冠果	*Xanthoceras sorbifolia Bge.*
40	清风藤科	*Sadiaceae*
	泡花树	*Meliosma cuneifolia Franch.*

序号	中文名	拉丁名
41	凤仙花科	*Balsaminaceae*
	凤仙花	*Impatiena balsamina L.*
	水金凤	*I. noli tangere L.*
	西固凤仙	*I. notolopha Maxim.*
42	鼠李科	*Rhamnaceae*
	鼠李	*Rhamnus davurica Pall.*
	黑桦树	*Ph. maximowicziana J. Vass.*
43	葡萄科	*Vitaceae*
	榕叶葡萄	*Vitis ficifolia Bge.*
	少毛葡萄	*V. piasezkii Maxim var. pagnuccii(Roman)Rehd*
44	椴树科	*Tiliaceae*
	华椴	*Tilia chinensis Maxim.*
45	锦葵科	*Malvaceae*
	东葵	*Malva verticillata L.*
46	猕猴桃科	*Actinidiaceae*
	软枣猕猴桃	*Actinidia arguta(Sied. et Zucc.)Planch ex Miq.*
47	藤黄科	*Guttiferae*
	黄海棠	*Hypericum ascyron L.*
	突脉金丝桃	*H. przewalskii Maxim.*
48	柽柳科	*Tamaricaceae*
	水柏枝	*Tamarix paniculata P. Y. Zhang et Y. J. Zhang*
49	堇菜科	*Violaceae*
	鸡腿堇菜	*Viola acuminata Ledeb.*
50	瑞香科	*Thymelaeaceae*
	黄瑞香	*Daphne giraldii Nitsche*
	甘肃瑞香	*D. tangutica Maxim.*
	狼毒	*Stellera chamaejasme L.*
51	胡颓子科	*Elaeagnaceae*
	牛奶子	*Eiaeagnus umbellata Thund.*
	沙棘	*Hippophae rhamncides L. ssp sinensis Rousi*
52	柳叶菜科	*Onagraceae*
	柳兰	*Chamaenerion angnstifolium(L.)Scop*
	长籽柳叶菜	*E. pyrricholophum Franch et Savat.*
53	五加科	*Araliaceae*

序号	中文名	拉丁名
	狭叶五加	*E. wilsonii*(*Harms*)*Nakai*
	羽叶三七	*Panax pseud ginseng var. bipinnatfidus*(*Seem.*)*Li*
54	伞形科	*Umbelliferae*
	白芷	*Angelica dahurica*(*Fiseh.*)*Benth. et Hook.*
	秦岭当归	*A. tsinlingensis K. T. Fu*
55	山茱萸科	*Cornaceae*
	红瑞木	*Cornus alba L.*
	红椋子	*C. hemsleyi Schneid*
56	鹿蹄草科	*Pyrolaceae*
	鹿蹄草	*Pyrola rotundifolia L. subsp chinensisH. Andres*
57	报春花科	*Primulaceae*
	直立点地梅	*Androsace erecta Maxim*
	狼尾花	*Lysimachia barystachys Bge.*
58	白花丹科	*Plumbaginaceae*
	小蓝雪花	*Plumbagella micrantha*(*Ledeb*)*Spach.*
59	木犀科	*Oleaceae*
	白蜡树	*Fraxinus chnensis Roxb*
	水曲柳	*Fraxinus mandschurica Rupr.*
60	马钱科	*Loganiaceae*
	互叶醉鱼草	*Buddleia alternifolia Maxim.*
61	龙胆科	*Gentianaceae*
	腺鳞草	*Anagallidium dichotomum*(*L.*)*Griseb.*
62	萝藦科	*Asclepiadaceae*
	竹灵消	*Cynanchum inamoenum*(*Maxim*)*Loes.*
	硃砂藤	*C. offieinale*(*Hemsl*)*Tsiang et Zhang*
63	旋花科	*Convolvulaceae*
	打碗花	*Calystegia hederacea Wall*
64	花荵科	*Polemoniaceae*
	花荵	*Polemontum Chinese Brand*
65	紫草科	*Boraginaceae*
	多苞斑种草	*Bothriospermum secundum Maxim.*
	蓝刺鹤虱	*Lappula consanguinea*(*Fisch. et Mey.*)*Gurke*
66	唇形科	*Labiatae*
	筋骨草	*Ajuga ciliate Bge.*

序号	中文名	拉丁名
67	茄科	*Solanaceae*
	洋芋	*S. tuberosum L.*
68	玄参科	*Scrophulariaceae*
	短腺小米草	*Euphrasis regelii Wettst.*
69	紫葳科	*Bignoniaceae*
	黄金树	*Catalapa speoiosa（Warder ex Barney）Warder ex Engelm*
70	列当科	*Orobanchaceae*
	列当	*Orobanche coerulescens Steph.*
71	车前科	*Plantaginaceae*
	平车前	*Plantago depressa Willd.*
	大车前	*P. major L.*
72	茜草科	*Rubiaceae*
	猪秧秧	*Galium apaeine L. var. tenerum（Gren et Godr）Rcdd*
	四叶葎	*G. bungei Steud.*
73	忍冬科	*Caprifoliaceae*
	南方六道木	*Abelia dielsii Rehd.*
	短梗忍冬	*L. maximowiczii（Rupr）Regel var. graebneri（Rehd）Sun*
74	败酱科	*Vaierianaceae*
	异叶败酱	*Patrinia heterophylla Bge.*
75	川续断科	*Dipsacaceae*
	续断	*Dipsacus tschiliensis Gucurbitaceae*
76	葫芦科	*Cucurbitaceae*
	西葫芦	*C. Pepo L.*
77	桔梗科	*Campanulaceae*
	细叶沙参	*Abenophora paniculata Nannf.*
78	菊科	*Compositae*
	细叶亚菊	*A. tenuifolia（Jacq.）Tzvel.*
79	水麦冬科	*Scheuchzerizceae*
	水麦冬	*Triglochin palustre L.*
80	禾本科	*Gramineae*
	巨序剪股颖	*Agrostis gigantea Roth.*
	四花早熟禾	*Poa tetrantha Keng*
	紫穗鹅冠草	*Roegneriapur purascens Keng*
81	莎草科	*Cyperaceae*

序号	中文名	拉丁名
	华扁穗草	*Blysmus sinocompressus Tang et Wang*
	团集苔草	*Carex agglomerataC. B. Clarke*
82	天南星科	*Aranceae*
	象南星	*Arisaema elephus Buchet.*
	半夏	*Pinellia ternata（Thunb）Breit.*
83	灯心草科	*Juncaceae*
	小花灯心草	*Juncus articulatus L. var. senescens Buchn*
	小灯心草	*J. bufonius L.*
84	百合科	*Liliaceae*
	七筋姑	*Clintonis udensis Trautv et Meyer*
	铃兰	*Convallria majalis L.*
85	薯蓣科	*Dioscoreaceae*
	穿龙薯蓣	*Dioscorea nipponica Makino*
86	鸢尾科	*Iridaceae*
	射干	*Belamcanga chinensis（L.）DC.*
87	兰科	*Orchidaceae*
	凹舌兰	*Coeloglossumviride（L.）Hortm var. bracteatum（Willd.）Richt.*
	小花火烧兰	*Epipactis helleborine（L.）Crantz.*
	角盘兰	*Herminium monorchis R. Br.*

附录2　区域主要野生动物资源名录

序号	中文名	拉丁名
（一）	无尾目	*Salientia*
1	锄足蟾科	*Pelobatidae*
	六盘齿突蟾	*Scutiger liu panensis*
2	蟾蜍科	*Bufonidae*
	岷山大蟾蜍	*Bufo minshanicus*
	花背蟾蜍	*Bufo raddei*
3	蛙科	*Ranidae*
	中国林蛙	*Rana temporaria chensinensis*
	青蛙	*Rana nigromaculata*
（二）	蜥蜴目	*Lacertiformes*
4	石龙子科	*Scincidae*
	秦岭滑蜥	*Leiolopisma tsinlingensis*
5	蜥蜴科	*Iacertidae*
	丽斑麻蜥	*Eremias argus*
（三）	蛇目	*Serpentiformes*
1	游蛇科	*Colubridae*
	双斑锦蛇	*Elaphe bimaculata*
2	蝰科	*Viperidae*
	蝮蛇	*Agkistrodon halys daphnea*
（四）	鸊鷉科	*Podicipedidae*
	小鸊鷉	*Podiceps ruficollis poggei*
（五）	鹳形目	*Ciconiiformes*
1	鹭科	*Ardeidae*
	草鹭	*Aldea parpurea manilensis*
（六）	雁形目	*Anseriformes*
1	鸭科	*Anatidac*
	绿翅鸭	*Anas crecca crecca*

序号	中文名	拉丁名
（七）	隼形目	*Falconiformes*
1	鹰科	*Accipitrdae*
	鸢	*Milvus korschun lineatus*
	金雕	*Aquila chrysaetos daphnea*
	白尾鹞	*Curcus cyaneus cyaneus*
2	隼科	*Falconidae*
	红脚隼	*Falco vespertinus amurensis*
	红隼	*Falco tinnunculus amurensis*
（八）	鸡形目	*Galliformes*
1	雉科	*Phasianidae*
	山石鸡	*Alectoris chukar pubescens*
	大石鸡	*Alectoris magna*
	斑翅山鹑	*Perdix dauuricae suschkini*
	红腹锦鸡	*Chyrysolophus pictus*
（九）	鹤形目	*Gruiformes*
1	秧鸡科	*Rallidae*
（十）	鸻形目	*Charadriiformes*
1	鸻科	*Charadriidae*
	剑鸻	*Charadrius hiaticula placidus*
2	鹬科	*Soolopacidae*
	乌脚滨鹬	*Calidris temminckii*
3	反嘴鹬科	*Recurvidae*
	鹮嘴鹬	*Ibidorhyncha struthersii*
（十一）	鸽形目	*Columbiformes*
1	鸠鸽科	*Columbidae*
	岩鸽	*Columba rupestris rupestris*
	珠颈斑鸠	*Streptopelia chinensis chinensis*
	山斑鸠	*Streptopetia orientalis orientalis*
（十二）	鹃形目	*Cuculiformes*
1	杜鹃科	*Cuculidae*
	大杜鹃	*Cuculus canorus canorus*

序号	中文名	拉丁名
(十三)	鸮形目	*Strigiformes*
1	鸱鸮科	*Strigidae*
	小鸮	*Athene noctua plumipes*
(十四)	夜鹰目	*Caprimulgiformes*
1	夜鹰科	*Caprimulgidae*
	夜鹰	*Caprimulgus indicus jotaka*
(十五)	雨燕目	*Apodiformes*
1	雨燕科	*Apodidae*
	白腰雨燕	*Apus pacificus pacificus*
(十六)	佛法僧目	*Coraciiformes*
1	翠鸟科	*Alcedinidae*
	冠鱼狗	*Ceryle lugubris guttulata*
2	戴胜科	*Upupidae*
	戴胜	*Upupa epops saturata*
(十七)	䴕形目	*Piciformes*
1	啄木鸟科	*Picidae*
	绿啄木鸟	*Picus canus zimmermanni*
(十八)	雀形目	*Passeriformes*
1	八色鸫科	*Pittidae*
	绿胸八色鸫	*Pitta sordida cucullata*
2	百灵科	*Alaudidae*
	短趾沙灵	*Calandrella cinereadukhunensis*
	细嘴沙百灵	*Calandrella acutiro stris tibetana*
	凤头百灵	*Calerida cristata leautungensis*
3	燕科	*Hirundinidae*
	家燕	*Hirundo rustica gutturalis*
	金腰燕	*Hirndo daurica japonica*
4	鹡鸰科	*Motacillidae*
	山鹡鸰	*Dendronanthusindicus*
5	山椒鸟科	*Campephagidae*
	长尾山椒鸟	*Pericrocotus ethologus ethologus*

序号	中文名	拉丁名
6	佰劳科	*Laniidac*
	牛头佰劳	*Lanius bucephalus bucephalus*
7	黄鹂科	*Oriolae*
	黑枕黄鹂	*Oriolus chinensis diffusus*
8	卷尾科	*Dicruridae*
	黑卷尾	*Dicrurus macrocercus cathoecus*
9	椋鸟科	*Sturnidae*
	灰椋鸟	*Sturnus cineraceus*
10	鸦科	*Corridae*
	喜鹊	*Pic pice serecec*
	红嘴山鸦	*Pyrrhocorax pyrrhocorax brachypus*
	寒鸦	*Corous monedula dauuricus*
	小嘴乌鸦	*Corous corones orientalis*
11	岩鹨科	*Prunellidae*
	山岩鹨	*Prunella montanella*
12	河鸟科	*Cinclidae*
	褐河鸟	*Cinclus pallasii pallasii*
13	鹟科	*Muscicapidae*
	鸫亚科	*Turklinae*
	蓝歌鸲	*Luscinia cyane cyane*
14	画眉亚科	*Timaliinae*
	山噪鹛	*Garrulax davidi devidi*
	橙翅噪鹛	*Gariulax ellioti*
15	鹟亚科	*Muscicapinae*
	红喉姬鹟	*Ficedula parva albicilla*
16	山雀科	*Paridae*
	大山雀	*Parus major artatus*
	绿背山雀	*Parus monticolus*
	银喉长尾山雀	*Aegithalos caudatus vinaceus*
17	文鸟科	*Ploceidao*
	树麻雀	*Passer montanus*

序号	中文名	拉丁名
	山麻雀	*Passer rutilans ruiilans*
	金翅雀	*Carduelis sinica sinica*
	酒红朱雀	*Carpodacus vinaceus vinaceus*
	红眉朱雀	*Carpodacus pulclcherrimus davidianus*
	白眉朱雀	*Carpodacus thura dubius*
	普通朱雀	*Carpodacus erythrinus roseatus*
	灰眉岩鹀	*Emderiza cia omissa*
(十九)	食虫目	*Insectivora*
1	猬科	*Brinaceidae*
	刺猬	*Erinacens auritus*
2	鼹科	*Talpidae*
	麝鼹	*Scaptochirus mosckatus*
3	鼩鼱科	*Soricidae*
	水鼩鼱	*Chimmarogale platycephala*
(二十)	翼手目	
1	蝙蝠科	
	蝙蝠	*Vespertilion nilssoni*
(二十一)	兔形目	*Lagomorpha*
1	鼠兔科	*Ochotonidae*
	达乌尔鼠兔	*Ochotona daurica*
2	兔科	*Leporidae*
	蒙古兔	*Lepus tolai*
(二十二)	啮齿目	*Rodentia*
1	松鼠科	*Sciuridae*
	花鼠	*Entamias sioiricus*
	黄鼠	*Citellus dauricus alaschanicus*
2	仓鼠科	*Cricetidae*
	灰仓鼠	*Cricetulus migratorius*
	大仓鼠	*Cricetulus triton*
	长尾仓鼠	*Cricetulus longicaudatus*
	子午沙鼠	*Meriones maridianus*

序号	中文名	拉丁名
	长爪沙鼠	*Meriones unguiculatus*
	中华鼢鼠	*Myospalar fontanieril*
3	鼠科	*Muridae*
	小家鼠	*Mus muscles*
	褐家鼠	*Rattus norvegicus*
	黑线姬鼠	*Apodemus agtaius*
4	跳鼠科	*Dipodae*
	五趾跳鼠	*Allactaga sibirica*
	三趾跳鼠	*Dipus sagita*
(二十三)	食肉目	*Carnivora*
1	犬科	*Canis*
	狼	*Canis lvpus*
	豺	*Cuon alpinus*
2	鼬科	*Mustelidae*
	艾鼬	*Mustela putorius*
	黄鼬	*Mustela sibirica fontoniri*
	猪獾	*Arctonyx collaris*
3	灵猫科	*Viverridae*
	花面狸	*Paguma larvate reevesi*
4	猫科	*Felidae*
	豹猫	*Felis bengalensis*
(二十四)	偶蹄目	*Artiodactyla*
1	猪科	*Suidae*
	野猪	*Sus scrofa moupinensis*
2	鹿科	*Cervidae*
	麅	*Capreolus capreolus*
	林麝	*Moschus berezovskii*

附录 3　区域主要浮游植物名录

种类 (Species)		龙罩水库	泾河二级支沟		策底河			暖水河水库	暖水河一级支流			颍河一级支流	颍河干流	岈峒水库上游	岈峒水库
		龙罩水库	红家峡源头	红家峡兴盛乡	八家人	石咀子	河西	暖水河水库	顺家川	白家沟	大阳洼	卧羊川	嵩店	岈峒水库上游	岈峒水库
硅藻门 (Bacillariophyta)	钝脆杆藻 (*Fragilaria capucina*)	+	+											+	+
	三角头尖尖异端藻 (*Gomphonema acuminatum*)	+		+										+	+
	舟形藻 (*Navicula spp.*)				+			+			+		+		
	双壁藻 (*Diploneis Cl.*)				+	+	+	+							
	羽纹藻 (*Pinnularia Cl.*)	+			+							+			
	扁圆卵形藻 (*Cocconeis placentula*)	+		+										+	
	缘头舟形藻 (*navicula rhynchocephala* Kütz)	+												+	+
	布纹藻 (*Gyrosigma spp.*)										+	+	+		
	异极藻 (*Gomphonema spp.*)											+	+		
	脆杆藻 (*Fragilaria spp.*)										+		+		

门	种类 (Species)	龙潭水库	泾河二级支流			策底河		暖水河水库	暖水河一级支流	颍河一级支流	颍河干流	崆峒水库	
		龙潭水库	红家峡源头	红家峡支沟	盛兴盛乡	八家人石咀子	河西	顿家川	太阳迁白家沟	卧羊川	嵩店	崆峒水库上游	崆峒水库
绿藻门 (Chlorophyta)	小球藻 (Chlorella vulgaris Beij.)								+		+	+	+
	圆鼓藻 (Cosmarium circulare)	+				+	+				+	+	+
蓝藻门 (Cyanophyta)	螺旋藻 (Spirulina spp.)												
	不定位微囊藻 (Microcystis incerta lemm)							+					
裸藻门 (Euglenophyta)	剑蚤柄裸藻 (Colachium cyclopicola (Gickl))		+	+									
	棘刺囊裸藻 (Trachelomonas hispida)	+											
黄藻门 (Xanthophyta)	绿黄丝藻 (Tribonema viride)			+									
甲藻门 (Pyrrophyta)	角甲藻 (C. hirundinella)											+	
	薄甲藻 (Glenodinium pulvisculus Stein.)									+			

附录 4　区域主要浮游动物名录

种类 （Species）	龙潭水库 龙潭水库	泾河二级支沟 红家峡源头	泾河二级支沟 红家峡兴盛乡	策底河 八家人石咀子	策底河 河西	暖水河水库 暖水河顿家川	暖水河一级支沟 白家沟	颉河一级支流 太阳洼卧羊川	颉河干流 蒿店	峡峪水库 上游	峡峪水库 库区
原生动物（Protozoa）											
球形沙壳虫（*Difflugia globulosa*）	+	+	+	+	+	+	+	+	+		+
辐射变形虫（*Ameoba radiosa*）	+		+		+					+	
压缩匣壳虫（*Centropyxis constricta*）	+			+	+					+	
针棘匣壳虫（*Centropyxis aculeata*）	+		+	+					+		
锥形似铃壳虫（*Tintinnopsis conicus*）	+	+	+	+	+						+
圆钵沙壳虫（*Difflugia urceolata*）	+					+					
尖顶沙壳虫（*Difflugia acuminata*）	+	+	+	+	+	+					
恩氏筒壳虫（*Tintindium entzii*）	+	+		+	+	+	+				
中华似铃壳虫（*Tintinnopsis sinensis*）	+		+	+	+					+	
王氏似铃壳虫（*Tintinnopsis wangi*）	+		+	+						+	+

种类 (Species)	龙潭水库 龙潭水库	泾河二级支沟 红家峡源头	泾河二级支沟 红家峡兴盛乡	策底河 八家人石咀子	策底河 河西	暖水河水库 暖水河水库	暖水河一级支流 顿家川白家沟	颍河一级支流 大阳洼卧羊川	颍河干流 嵩店	峡峋水库 上游	峡峋水库 库区
原生动物 (Protozoa) 小筒壳虫 (*Tintinnidium pusillum*)			+		+					+	
盘形表壳虫 (*Arcella discoides Ehrenberg.*)				+			+				+
杯状似铃壳虫 (*Tintinnopsis cratera*)			+		+						+
长圆沙壳虫 (*Difflugia oblonga*)		+	+								
河生筒壳虫 (*Tintinnidium fluviatile*)		+	+		+						+
厚柱状毛虫 (*Oxytricha crassistilata*)			+	+							
轮虫类 (Rotifera) 长肢多肢轮虫 (*Polyarthra dolichoptera*)		+								+	
枝角类 (Cladocera) 大洋洲壳腺溞 (*Latonopsis australis*)			+								
桡足类 (Copepoda) 大型中镖水蚤 (*Sinodiaptomus sarci*)			+								

附录5　区域主要底栖生物名录

类别	种名	龙潭水库	泾河二级支沟	策底河	暖水河水库	暖水河一级支沟	颍河一级支流	颍河干流	峪岭水库
甲壳类	钩虾(*Gammarus sp.*)	+	+			+	+		
	扁蜉(*Ecdyrus*)	+		+	+	+			
水生昆虫	指突隐摇蚊(*Cryptochironomus digiatus*)	+	+		+	+		+	
	蜻蜓稚虫(*Odonata*)			+					
	龙虱(*Dylisus sp.*)					+			
淡水寡毛类	奥特开水丝蚓(*L. udekemianus Clap.*)	+	+	+					
	水蛭	+			+	+		+	
	沙蚕			+		+		+	
软体动物	椭圆萝卜螺(*Radix swinhoei*)	+					+		+
	萝卜螺(*Radix sp.*)							+	
	铜锈环棱螺(*Bellamya aeruginosa*)								+
	中华沼螺(*Parafossarulus sinensis*)								+

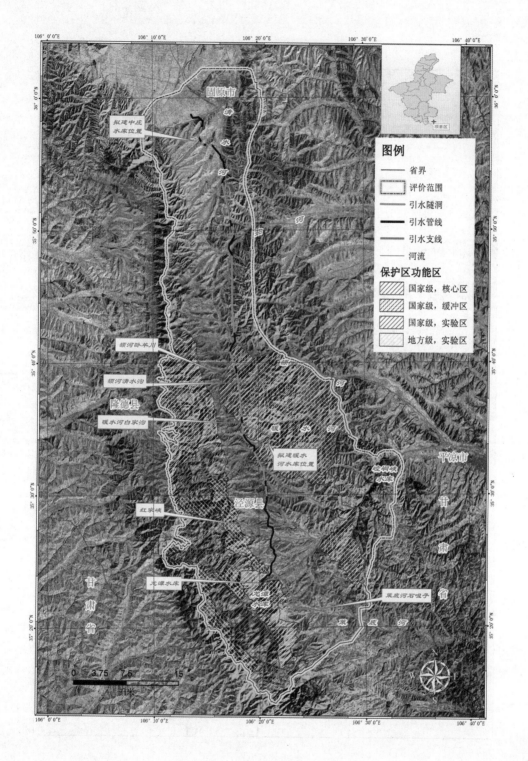

附图1　工程地理位置示意图

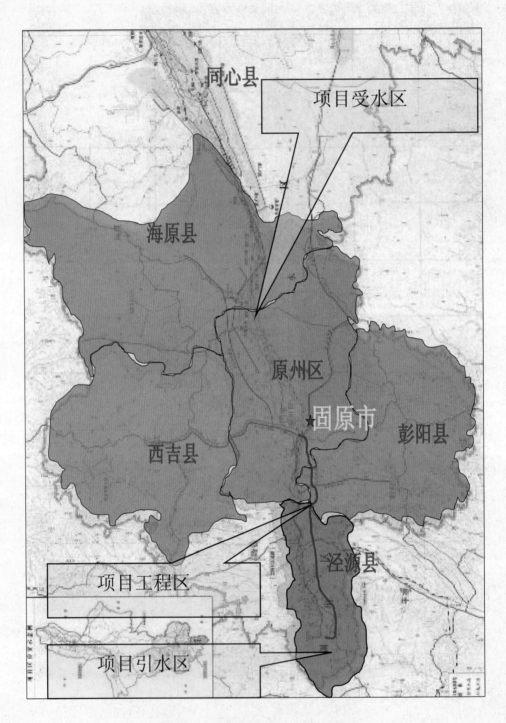

附图2 工程引水区及受水区示意图

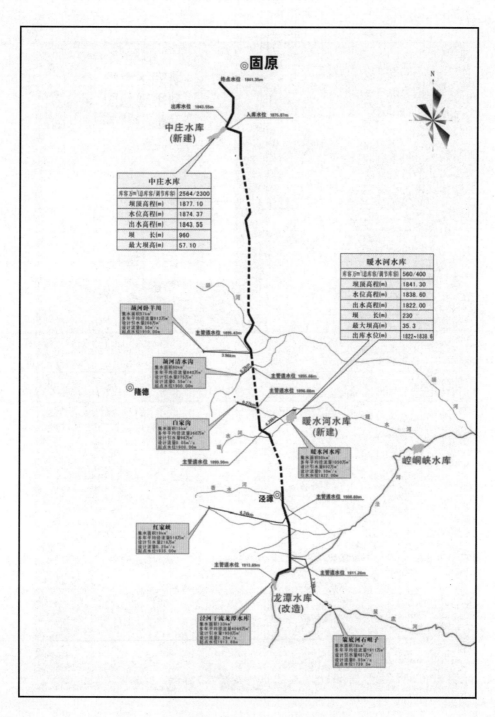

附图3　工程各截引点分布

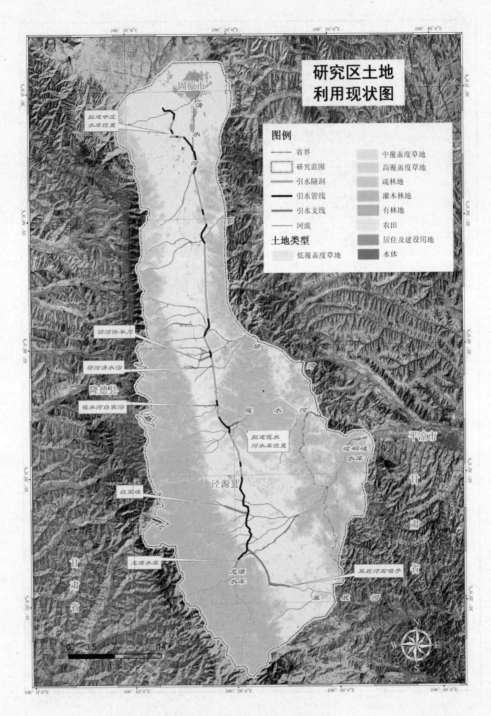

附图4 区域土地利用现状

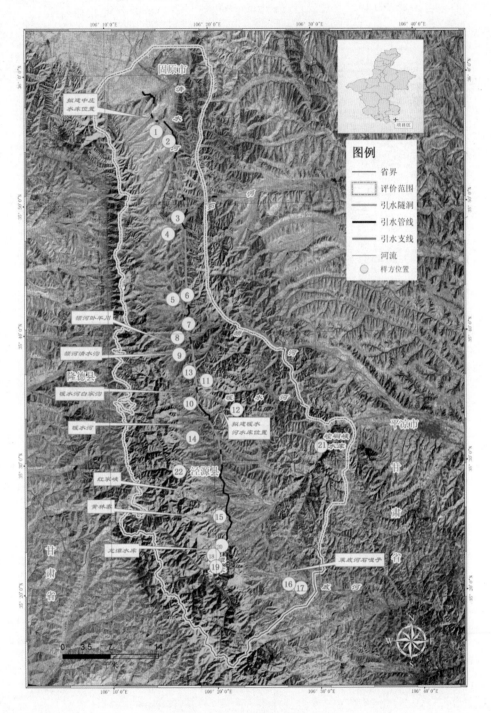

附图5　研究区典型样方布点

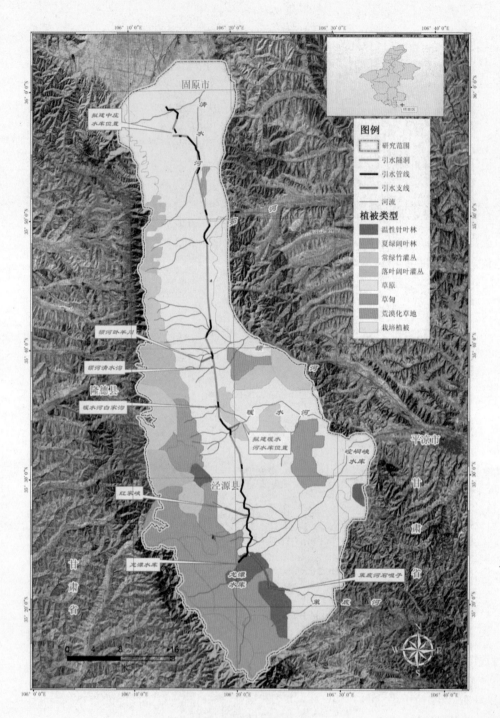

附图6 研究区植被类型

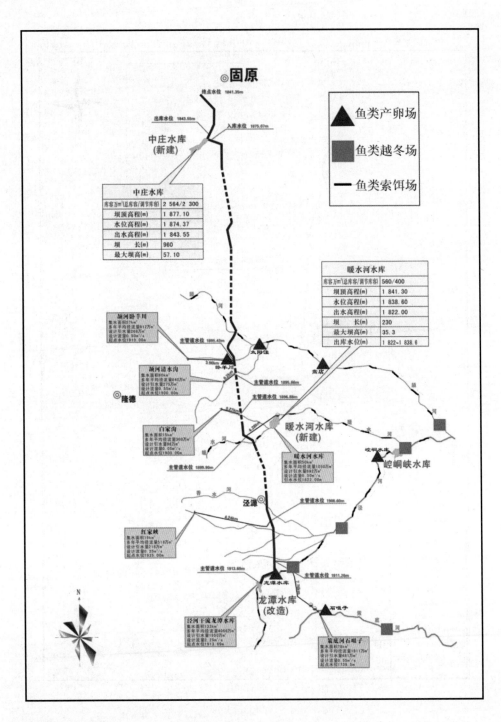

附图7 鱼类"三场"分布

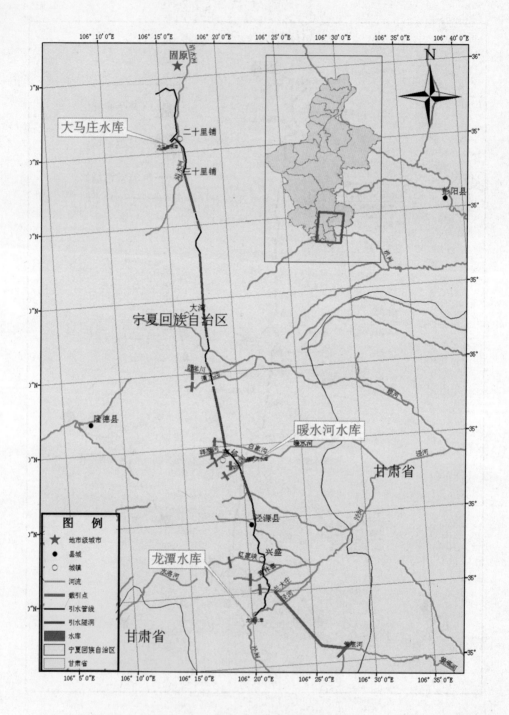

附图8　最初引水方案示意图

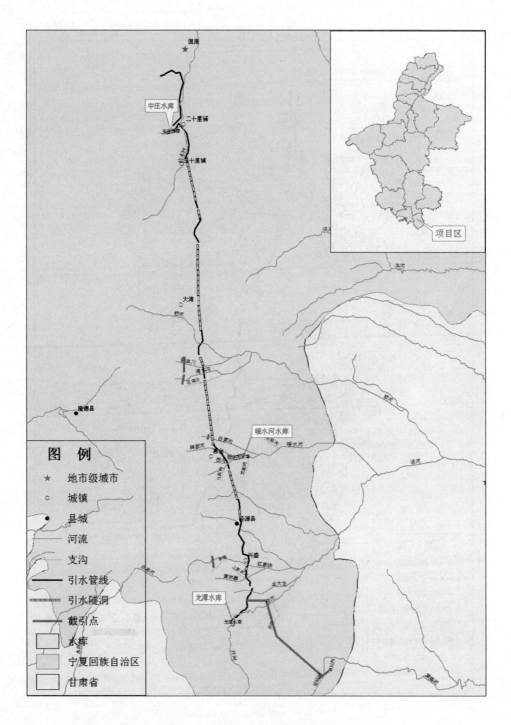

附图9 最终工程优化方案示意图

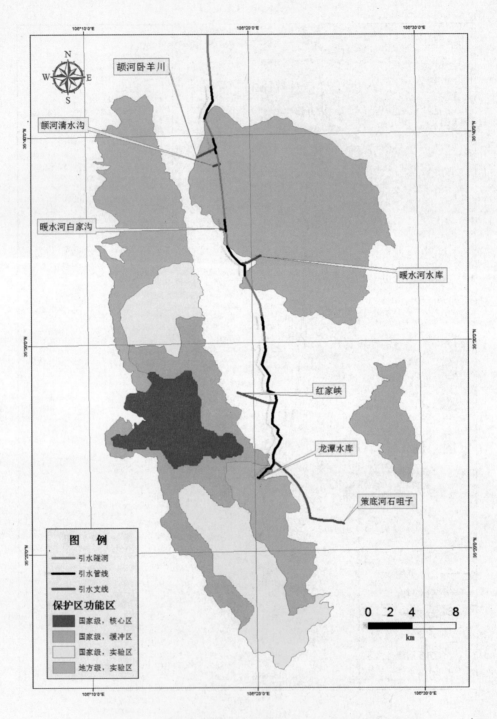

附图10　工程和六盘山自治区级自然保护区位置关系

颉河卧羊川

颉河清水沟

暖水河白家沟

暖水河水库

红家峡

龙潭水库

策底河石咀子

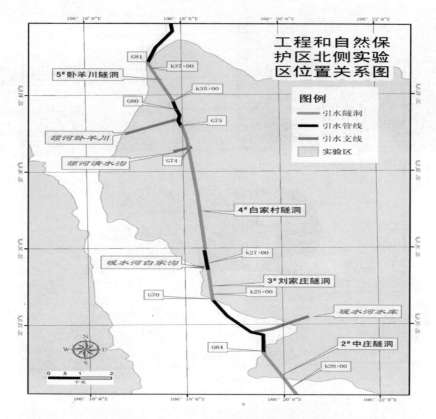

附图11　工程和六盘山自治区级自然保护区东北部实验区位置关系

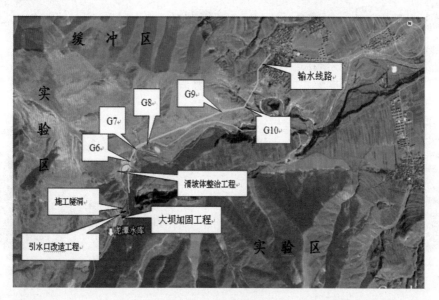

附图12　龙潭水库改造工程和自治区级自然保护区位置关系示意图

（a）龙潭水库坝址　　　　　　　　　　　（b）中庄水库坝址

（c）拉网捕鱼

（d）北山隧洞出口　　　　　　　　　　　（e）样方调查

（f）底栖生物采集　　　（g）背斑高原鳅　　　（h）蒿店产卵场

（i）受水区农村用水现状　　　　　　　　（j）受水区城区用水现状

附图13　实景拍摄图